国家出版基金项目
"十四五"时期国家重点出版物出版专项规划项目
智慧农业关键技术集成与应用系列丛书

智慧蔬菜工厂

Smart Vegetable Factory

杨其长 等◎编著

中国農業大學出版社
China Agricultural University Press
·北 京·

内 容 简 介

本书系统介绍了智慧蔬菜工厂的设施结构、环境控制、营养供给、栽培模式、智能装备、智慧决策以及辅助机器人等核心技术与装备，重点围绕智慧蔬菜工厂两个应用场景——自然光蔬菜工厂和人工光蔬菜工厂进行了全面系统的阐述，详细描述了两个场景下光照、温度、湿度、CO_2 气体、营养液等环境要素与作物之间的作用规律、智慧化管控以及工厂化条件下高效生产的智能装备技术，展望了智慧蔬菜工厂巨大的发展潜力。在智慧蔬菜工厂基本原理、工艺系统、智慧管控以及无人化操作等理论与方法方面具有创新性。

图书在版编目(CIP)数据

智慧蔬菜工厂/杨其长等编著. --北京：中国农业大学出版社，2024. 12. --ISBN 978-7-5655-3335-8

Ⅰ. S63-39

中国国家版本馆 CIP 数据核字第 2024JC3678 号

书　　名　智慧蔬菜工厂
Zhihui Shucai Gongchang
作　　者　杨其长　等　编著

总 策 划　王笃利　丛晓红　张秀环
责任编辑　杜　琴　潘博闻
策划编辑　杜　琴
封面设计　中通世奥图文设计中心
出版发行　中国农业大学出版社
社　　址　北京市海淀区圆明园西路 2 号
邮政编码　100193
电　　话　发行部 010-62733489，1190
编辑部 010-62732617，2618
读者服务部 010-62732336
出 版 部 010-62733440
网　　址　http://www.caupress.cn
E-mail cbsszs@cau.edu.cn
经　　销　新华书店
印　　刷　涿州市星河印刷有限公司
版　　次　2024 年 12 月第 1 版　2024 年 12 月第 1 次印刷
规　　格　185 mm×260 mm　16 开本　10.75 印张　154 千字
定　　价　58.00 元

编 著 人 员

主要编著者　杨其长

参与编著者　李清明　仝宇欣　王　森　卞中华

郑胤建　杨　晓　许亚良

总　序

智慧农业作为现代农业与新一代信息技术深度融合的产物，正成为实现农业高质量发展和乡村振兴战略目标的重要支撑。习近平总书记强调，全面建设社会主义现代化国家，实现中华民族伟大复兴，最艰巨最繁重的任务依然在农村，最广泛最深厚的基础依然在农村。智慧农业通过整合5G、物联网、云计算、大数据、人工智能等新兴技术，助力农业全产业链的数字化、网络化和智能化转型，不仅显著提升农业生产效率与资源利用率，同时推动了农业经营管理模式的变革，促进农业可持续发展。智慧农业的意义，不仅在于技术的迭代，更体现在对农业发展模式的深刻变革，对农村社会结构的再塑造，以及对国家粮食安全的全方位保障。

纵观全球，发达国家在智慧农业领域已取得瞩目成效。例如，美国、加拿大、澳大利亚等资源富足国家已经通过智慧大田技术实现了一人种5 000亩地；以色列、荷兰等资源短缺国家通过智慧温室技术实现了一人年产200 t蔬菜、一人种养100万盆花；资源中等国家丹麦、德国通过智慧养殖技术实现了一人养殖20万只鸡、日产鸡蛋18万枚，一人养殖1万头猪、200头奶牛、200 t鱼。这些成功案例不仅展示了智慧农业在提高劳动生产率、优化资源配置和实现可持续发展方面的巨大潜力，也为我国发展智慧农业提供了宝贵的经验和参考。相比之下，我国农业仍面临劳动力老龄化、资源浪费、环境污染等挑战，发展智慧农业已迫在眉睫。这不仅是现代农业发展的内在需求，更是国家实现农业强国目标的战略选择。

党的二十大报告提出，到2035年基本实现社会主义现代化，到本世纪中叶全面建成社会主义现代化强国，而农业作为国民经济的基础产业，其现代化水平直接关系到国家整体现代化进程。从劳动生产率、农业从业人员比例、农业占GDP比重等关键指标来看，我国农业现代化水平与发达国家相比仍有较大差距。智慧农业的推广与应用，将有效提高农业的劳动生产率和资源利用率，加速农业现代化的步伐。

智慧农业是农业强国战略的核心支柱。从农业1.0的传统种植模式，到机械化、数字化的农业 2.0 和 3.0 阶段，智慧农业无疑是推动农业向智能化、绿色化转型的关键途径。智慧农业技术的集成应用，不仅能够实现高效的资源配置与精准的生产管理，还能够显著提升农产品的质量和安全水平。在全球范围内，美国、加拿大等资源富足国家依托智慧农业技术，实现了大规模的高效农业生产，而以色列、荷兰等资源短缺国家则通过智能温室和精细化管理创造了农业生产的奇迹。这些实践无不证明，智慧农业是农业强国建设的必由之路。

智慧农业还是推动农业绿色发展的重要抓手。传统农业生产中，由于对化肥、农药等投入品的过度依赖，导致农业面源污染和环境退化问题日益严重。而智慧农业通过数字化精准测控技术，实现了对农业投入品的科学管理，有效降低了资源浪费和环境污染。同时，智慧农业还能够建立起从生产到消费全程可追溯的质量监管体系，确保农产品的安全性和绿色化，满足人民群众对美好生活的需求。

"智慧农业关键技术集成与应用系列丛书"是为响应国家农业现代化与乡村振兴战略而精心策划的重点出版物。本系列丛书围绕智慧农业的核心技术与实际应用，系统阐述了具有前瞻性与指导意义的新理论、新技术和新方法。丛书集中了国内智慧农业领域一批领军专家，由两位院士牵头组织编写。丛书包含 8 个分册，从大田无人农场、无人渔场、智慧牧场、智慧蔬菜工厂、智慧果园、智慧家禽工厂、农用无人机以及农业与生物信息智能感知与处理技术 8 个方面，既深入地阐述了智慧农业的理论体系和最新研究成果，又系统全面地介绍了当前智慧农业关键核心技术及其在农业典型生产场景中的集成与应用，是目前智慧农业研究和技术推广领域最为成熟、权威和系统的成果展示。8 个分册的每位主编都是活跃在第一线的行业领军科学家，丛书集中呈现了他们的理论与技术研究前沿成果和团队集体智慧。

《无人渔场》通过融合池塘和设施渔业的基础设施和养殖装备，利用物联网技术、大数据与云计算、智能装备和人工智能等技术，实现生态化、工程化、智能化和国产化的高效循环可持续无人渔场生产系统，体现生态化、工程化、智慧化和国产化，融合空天地一体化环境、生态、水质、水生物生理信息感知，5G 传输，智能自主渔业作业装备与机器人，大数据云平台，以及三维可视化的巡查和检修交互。

《智慧牧场》紧密结合现代畜牧业发展需求，系统介绍畜禽舍环境监控、行为监测、精准饲喂、疫病防控、智能育种、农产品质量安全追溯、养殖废弃物处理等方面的智能技术装备和应用模式，并以畜禽智慧养殖与管理的典型案例，深入分析了智慧牧场技术的应用现状，展望了智慧牧场发展趋势和潜力。

《农用无人机》系统介绍了农用无人机的理论基础、关键技术与装备及实际应用，主要包括飞行控制、导航、遥感、通信、传感等技术，以及农田信息检测、植保作业和其他典型应用场景，反映了农用无人机在低空遥感、信息检测、航空植保等方面的最新研究成果。

《智慧蔬菜工厂》系统介绍了智慧蔬菜工厂的设施结构、环境控制、营养供给、栽培模式、智能装备、智慧决策以及辅助机器人等核心技术与装备，重点围绕智慧蔬菜工厂两个应用场景——自然光蔬菜工厂和人工光蔬菜工厂进行了全面系统的阐述，详细描述了两个场景下光照、温度、湿度、CO_2、营养液等环境要素与作物之间的作用规律、智慧化管控以及工厂化条件下高效生产的智能装备技术，展望了智慧蔬菜工厂巨大的发展潜力。在智慧蔬菜工厂基本原理、工艺系统、智慧管控以及无人化操作等理论与方法方面具有创新性。

禽蛋和禽肉是人类质优价廉的动物蛋白质来源，我国是家禽产品生产与消费大国，生产与消费总量都居世界首位。新时期和新阶段的现代养禽生产如何从数量上的保供向数量、品质、生态“三位一体”的绿色高品质转型，发展绿色、智能、高效的家禽养殖工厂是重要的基础保障。《家禽智能养殖工厂》总结了作者团队多年来对家禽福利化高效健康养殖工艺、智能设施设备与智慧环境调控技术的研究成果，通过分析家禽不同生长发育阶段对养殖环境的需求，提出家禽健康高效养殖环境智能化调控理论与技术、禽舍建筑围护结构设计原理与方法，研发数字化智能感知技术与智能养殖设施装备等，为我国家禽产业的绿色高品质转型升级与家禽智能养殖工厂建设提供关键技术支撑。

无人化智慧农场是一个多学科交叉的应用领域，涉及农业工程、车辆工程、控制工程、计算机科学与技术、机器人工程等，并融合了自动驾驶、机器视觉、深度学习、遥感信息和农机-农艺融合等前沿技术。可以说，无人化智慧农场是智慧农业的主要实现方式。《大田无人化智慧农场》依托“无人化智慧农场”团队的教研与推广实践，全面详细地介绍了大田无人化智慧农场的技术体系，内容涵盖了从农场规划建设至运行维护所涉及的各个环节，重点阐述了支撑农场高效生产的智能农机装备的相关理论与方法，特别是线控底盘、卫星定位、路径规划、导航控制、自动避障和多机协同等。

《智慧果园关键技术与应用》系统阐述了智慧果园的智能感知系统、果园智能监测与诊断系统、果园精准作业装备系统、果园智能管控平台等核心技术与系统装备，以案为例、以例为据，全面分析了当前智慧果园发展存在的问题和趋势，科学界定了智慧果园的深刻内涵、主要特征和关键技术，提出了智慧果园未来发展趋势和方向。

智慧农业的实现依靠快速、准确、智能化的传感器和传感器网络，智能感知与处理技术是智慧农业的基础。《农业与生物信息智能感知与处理技术》以作物生长信息、作物病虫害信息、土壤参数、农产品品质信息、设施园艺参数、有害微生物信息、畜禽生理生态参数等农业与生物信息的智能感知与检测等方面的最新研究成果为基础，介绍了智能传感器、传感器网络、3S、大数据、云计算以及 5G 通信与农业物联网技术等现代信息技术在农业中综合、全面的应用概况，为智慧农业的发展提供坚实的基础。

本系列丛书不仅在内容设计上体现了系统性与实用性，还兼顾了理论深度与实践指导。无论是对智慧农业基础理论的深入解析，还是对具体技术的系统展示，丛书都致力于为广大读者提供一套集学术性、指导性与前瞻性于一体的专业参考资料。这些内容的深度与广度，不仅能够满足农业科研人员、教育工作者和行业从业者的需求，还能为政府部门制定农业政策提供理论依据，为企业开展智慧农业技术应用提供实践参考。

智慧农业的发展，不仅是一场技术革命，更是一场理念变革。它要求我们从全新的视角去认识农业的本质与价值，从更高的层次去理解农业对国家经济、社会与生态的综合影响。在此背景下，“智慧农业关键技术集成与应用系列丛书”的出版，恰逢其时。这套丛书以前沿的视角、权威的内容和系统的阐释，填补了国内智慧农业领域系统性专著的空白，必将在智慧农业的研究与实践中发挥重要作用。

本系列丛书的出版得益于多方支持与协作。在此，特别要感谢国家出版基金的资助，为丛书的顺利出版提供了坚实的资金保障。同时，向指导本项目的罗锡文院士和赵春江院士致以诚挚的谢意，他们高屋建瓴的战略眼光与丰厚的学术积淀，为丛书的内容质量筑牢了根基。感谢每位分册主编的精心策划和统筹协调，感谢编委会全体成员，他们的辛勤付出与专业贡献使本项目得以顺利完成。还要感谢参与本系列丛书编写的各位作者与技术支持人员，他们以严谨的态度和创新的精神，为丛书增添了丰厚的学术价值。也要感谢中国农业大学出版社的大力支持，在选题策划、编辑加工、出版发行等各个环节提供了全方位的保障，让丛书得以高质量地呈现在读者面前。

智慧农业的发展是农业现代化的必由之路，更是实现乡村振兴与农业强国目标的重要引擎。本系列丛书的出版，旨在为智慧农业的研究与实践提供理论支持和技术指引。希望通过本系列丛书的出版，进一步推动智慧农业技术在全国范围内的推广应用，助力农业高质量发展，为建设社会主义现代化强国作出更大贡献。

李道亮

2024 年 12 月 20 日

前言

智慧蔬菜工厂是指在环境可控条件下采用智能化设施装备工程技术和工厂化生产方式进行蔬菜周年连续生产的一种高效农业。相较于传统的设施蔬菜生产，智慧蔬菜工厂可实现对设施内温度、湿度、光照、CO_2及营养等环境要素的精准信息获取和智慧化管控，播种、育苗、栽培、收获、包装等全产业链生产流程均可通过工厂化方式实现精细化作业，劳动生产效率和智能化管控水平显著提升，代表了未来设施蔬菜生产的重要方向。

蔬菜作为人类鲜食产品的主要来源之一，提供人体健康所必需的维生素、膳食纤维和矿物质，在居民膳食结构中具有特殊重要的地位，是我国种植业中仅次于粮食的第二大农作物，为保障城乡居民健康营养需求和生活质量提升发挥了重要作用；蔬菜还是一种附加值相对较高的农产品，单位面积产值可达粮油作物的2～10倍，已经成为主产区农业农村经济发展的支柱产业，为保障菜篮子有效供给、农业增效、农民增收和促进就业作出了积极贡献。近年来，随着城市化的快速发展和居民生活水平的不断提高，人们对鲜活蔬菜的种类、营养品质及安全性等方面提出了更高的要求，智慧蔬菜工厂应运而生，尤其在中国、荷兰、日本、以色列、韩国、美国和新加坡等国家发展迅速，受到国内外高度关注。智慧蔬菜工厂是工程化技术、信息化技术与现代种植技术交叉融合的产物，通过现代工业装备、微电子技术与工厂化高效种植技术的结合，以现代智能温室为代表的自然光蔬菜工厂不断向机械化、智慧化方向发展，已能实现根据植物对环境的不同需要，由计算机对设施内的温度、湿度、光照、CO_2、肥料等环境因子进行自动监测和调控，部分蔬菜品种已实现从育苗、定植、栽培管理、采收到包装上市的专业化生产和流水线作业，近年来更是通过智能传感、智慧决策、人工智能(AI)以及机器人辅助管理等技术的应用，实现蔬菜工厂的全面智慧化生产。随着植物光生物学技术的进步以及 LED 光源成本的大幅度下降，人工光蔬菜工厂产业规模不断扩大，逐渐形成了规模量产型、可移动型以及家庭微型等多种产业形态，对资源相对不足的国家和地区大幅度提升食物产能水平，保障都市内部一定的自我食物供给能力以及岛礁、极地、空间站与星月探索等特殊场所的食物保障均取得了显著的应用效果，人工光蔬菜工厂在全球正呈现出快速发展的势头。

然而，智慧蔬菜工厂毕竟还是一个新生事物，在发展过程中面临着来自产业与技术本身的各种挑战，如投资成本与运行费用相对较高，如何获得预期的经济效益；如何通过光生物学机制的研究获取植物优化光配方，实现 LED 光源的动态精准管控；如何通过节能技术创新，尽可能减少光源与空调系统的能耗；如何通过信息化和智能化技术创新，实现蔬菜工厂的智慧化和无人化；如何从技术的角度进一步提升蔬菜工厂产品的口感与营养水平，满足大众对高品质蔬菜的迫切需求。本书试图从专业的角度系统阐明自然光和人工光蔬菜工厂的概念、类型、结构、环境调控、智慧管控、智能装备、辅助机器人以及未来发展趋势等相关内容，为大家了解智慧蔬菜工厂提供一个全方位的介绍。

本书一共分为七章，由多位在智慧蔬菜工厂领域的知名学者和青年学术骨干共同完成。第一章蔬菜工厂概论由杨其长、李清明编著；第二章蔬菜工厂化设施结构及特征由李清明、仝宇欣编著；第三章蔬菜工厂化生产环境需求规律由卞中华和杨晓编著；第四章蔬菜工厂化生产环境调控系统与装备由杨晓和王森编著；第五章蔬菜工厂化生产配套装备由郑胤建和许亚良编著；第六章蔬菜工厂化智慧决策系统与装备由仝宇欣编著；第七章智慧蔬菜工厂发展趋势由杨其长编著；周波、段发民等参与了部分章节的修改；全书由杨其长统稿。

本书适用于大专院校设施农业科学与工程、农业生物环境与工程、蔬菜学等专业的本科生、研究生、教师，以及广大设施农业科技工作者、设施生产企事业单位的从业人员参阅。本书编写过程中参考了《植物工厂》（杨其长著）、《植物工厂系统与实践》（杨其长等著）、《植物工厂植物光质生理及其调控》（刘文科、查凌雁著）、《数字化植物工厂理论与实践》（仝宇欣著）等著作，本书部分研究成果得到了中国农业科学院科技创新工程的大力支持，在此一并表示感谢。由于编者水平有限，书中不妥之处在所难免，恳请广大读者提出宝贵意见和建议，以便再版及时修正。

编者

2024 年 6 月

垂直智能植物工厂

目录

第1章 蔬菜工厂概论

1.1 蔬菜工厂概念及形态

1.1.1 蔬菜工厂概念

蔬菜工厂是现代设施农业发展的高级阶段，是一种高投入、高技术、精装备的生产体系，集生物技术、工程技术、信息技术和系统管理于一体，使农业生产从自然生态束缚中脱离出来，按计划周期性进行蔬菜生产的工厂化农业系统，是农业产业化进程中吸收应用高新技术成果最具活力和潜力的领域之一，代表着未来农业的发展方向。根据光能的利用方式不同，蔬菜工厂可分为自然光蔬菜工厂（主要指依赖于自然光的现代温室，采用工厂化生产模式）与人工光蔬菜工厂（完全依赖于人工光的植物工厂的主要类型之一，又称为密闭式蔬菜工厂），其共同特点是通过内部高精度环境控制实现蔬菜作物周年工厂化生产，由计算机对蔬菜作物生长发育过程的光照、温度、湿度、CO_2浓度以及养分浓度等环境要素进行精准调控，不受或很少受自然条件制约的省力型生产方式。蔬菜工厂作为技术高度密集的设施蔬菜产业形态，涉及工程材料、环控装备、栽培管理、智慧决策以及辅助机器人等核心技术，多年来一直被国际上公认为设施蔬菜生产的最高级发展阶段。蔬菜工厂可以说是一种资源高效利用、技术高度密集的现代农业生产方式，可摆脱资源与环境的束缚，实现蔬菜作物的工业化生产，吸引新生代劳动力从事蔬菜生产，也是高技术战略新兴产业和未来蔬菜产业的重点发展方向。

1.1.2 蔬菜工厂主要形态

蔬菜工厂按其生产功能主要分为育苗工厂、叶菜工厂、果菜工厂等几种形态。育苗工厂主要用于植物种苗的工厂化生产，一般采用温室与穴盘工厂化技术相结合，或完全采用人工光多层立体育苗技术，进行蔬菜、瓜果或花卉等作物育苗；叶菜工厂主要通过温室营养液栽培或人工光多层立体栽培进行莴苣、菠菜、茼蒿、芹菜、小白菜等叶类蔬菜的工厂化生产。例如，丹麦、日本等国家早期建立的芹菜、鸭儿芹等叶菜工厂，厂房采用双屋面玻璃温室，拥有育苗室和栽培室两个车间，采用波动浸渍水培生产方法进行栽培。育苗室内有上下两层育苗提篮，悬挂在上下两层钢轨的铁链上，由电力驱动上下滑行，并在下层提篮上方安装人工照明和喷水设备，播种后 20 d 左右即可育成幼苗。采用标准营养液配方，幼苗栽培后 40 d 即可收获（全生育期 62～65 d）；果菜工厂主要生产番茄、黄瓜、辣椒、茄子等果菜类蔬菜，采用连栋温室与无土栽培系统进行生产。如荷兰等国家的长季节岩棉培番茄工厂，幼苗在育苗室内生长约 1 个月，在栽培室内生长 2 个月后开始结果，果实达到商品标准后进行采收、分级、包装。番茄工厂的工作人员主要进行育苗与定植、植株车间转换、栽培管理、收获包装及栽培容器回收运送等。

1.2 发展意义及背景

1.2.1 发展智慧蔬菜工厂的意义

2050 年全球人口将达 97 亿，人类的食物需求也将要比现在增加 70%～100%，而人均耕地面积在最近 30 年却已从 0.33 hm^2 下降至 0.22 hm^2 以下，降幅达 31.7%。到 2050 年，我国人口将达到 16 亿左右，人均耕地面积降至 0.07 hm^2 以下，低于世界平均水平的 50%。如何利用有限的耕地资源满足人们日益增长的对食物的需求，已经成为世界各国尤其是资源紧缺的国家必须面对的重大课题。随着化学药剂的大量使用，药物残留超标问题也日益突出，食品安全越来越受到大众关注。农业从业人口老龄化，年轻人不愿务农的现象日趋严重，日本60岁以上的农业劳动力的比重已达86%，我国60岁以上的农业劳动力的比重已达62%。以智慧蔬菜工厂为代表的现代设施农业以其舒适的工作环境和工厂化的生产方式进行生产，将是吸引有知识的年轻人参与设施农业生产的重要方式。以现代温室为代表的自然光蔬菜工厂彻底改变了传统农业靠天吃饭的局面，运用智能化环控装备对温室内的温、光、水、肥、气等因素进行控制，为作物的生长创造一个良好的条件，真正可以做到按照生产计划保证蔬菜作物有一个高效且高质量的产出。人工光蔬菜工厂单位土地产能可达露地的40倍以上，被认为是未来解决人口增长、资源紧缺、新生代劳动力不足、食物需求不断上升等问题的重要途径，尤其是以人工光蔬菜工厂技术为基础的“垂直农业”或“摩天大楼农业”，单位土地产能可达露地的1 000倍以上，更是为未来人类的食物供给找到了一条希望之路。

我国是一个农业大国，人口多，耕地少，人均资源相对不足。我国社会经济的发展正面临着人口、资源、环境的巨大压力和社会需求不断上升的严峻挑战。如何利用有限的资源满足人们日益增长的对食物和纤维的需求，实现农业的可持续发展，是新时代我国农业发展面临的重大挑战。智慧蔬菜工厂作为资源高效利用型农业生产方式，在我国的广泛应用和推广普及必将对缓解人口、资源、环境压力，大幅度提高单位资源的利用效率，提升我国设施蔬菜现代化水平等多个方面具有十分重要的意义。

1.2.2 发展智慧蔬菜工厂的社会背景

1. 缓解人口、资源、环境压力，大幅度提高蔬菜作物产能的需要

21世纪以来，全球面临着前所未有的巨大压力，人口飞速增长、环境污染加剧、耕地不断减少。据报道，2011年全球人口已达70亿，到2050年将达97亿。人均可耕地面积却一直在不断减少。截至2022年底，全球人均耕地面积已从30年前的0.33 hm^2 下降至0.22 hm^2 以下，而我国的人均耕地也仅

有 0.091 hm^2(1.37 亩,1 亩≈0.067 hm^2)。如何利用有限的耕地满足人们日益增长的食物需求已经成为全球性难题。为了提高单产,人们会更加依赖化肥和农药,从而导致环境进一步恶化,资源更加紧张。因此,为了缓解人口的增长给资源与环境带来的巨大压力,探索高效可持续发展的农作方式、大幅度提高单位土地的食物产能已成为全球关注的热点。智慧蔬菜工厂具有不与粮争地、单位土地资源利用率高、产能倍增的显著特征,必将在未来保障菜篮子有效供给方面发挥重要作用。

2. 提高蔬菜品质,满足人们对绿色安全无污染生产的迫切需求

随着人们生活水平的不断提高,人们对绿色洁净安全农产品的需求越来越迫切,设施蔬菜生产亟须从数量向质量转型。一方面,我国设施蔬菜生产经过 40 年的快速发展,已实现数量上的基本满足。据统计,截至 2022 年底,我国设施园艺面积达 280 万 hm^2,占世界设施总面积的 80%以上,设施蔬菜年产量达 3.15 亿 t,人均年占有量达 216 kg,占全年蔬菜供应量的 1/3 以上;另一方面,设施蔬菜生产仍在普遍使用各种杀虫剂和农药,药残超标的现象时有发生。人们对蔬菜品质安全的关注度越来越高,迫切需要市场能提供具有安全保障的农产品。智慧蔬菜工厂由于环境相对可控或完全可控,不使用或少用农药,所生产的蔬菜洁净安全无污染,符合大众对高品质农产品的需求,必将成为未来发展的重要方向。

3. 吸引年轻人从事蔬菜生产,缓解农业从业人口老龄化的重要选择

农业从业人口老龄化是目前世界许多国家所面临的共性难题。据报道,2018 年日本从事农业的劳动力中,60 岁以上的人口已占 86%左右,而 40 岁以下的年轻人仅约占 4%。我国目前从事农业的劳动力年龄基本在 40 岁以上,60 岁以上的约占 62%。年轻人不愿务农的现象日趋严重,吸引年轻人务农已经成为全球面临的重大课题。智慧蔬菜工厂由于机械化、自动化及智能化程度高,操作省力,工作环境相对舒适,将来可以为吸引年轻人参与现代农业生产、解决农业劳动力不足与老龄化问题提供有效途径。

1.2.3 发展智慧蔬菜工厂的技术背景

智慧蔬菜工厂是在环境部分可控或完全可控条件下进行高效生产的农作方式，不受或少受自然气候条件的约束。营养液栽培技术、人工环境模拟与控制技术以及智慧化管控技术的不断进步对智慧蔬菜工厂产业发展起到了重要的推动作用。

1. 营养液栽培技术

20世纪40年代以来，以"矿质营养学说"为理论基础的营养液栽培技术在现代农业中得到快速发展和推广应用。最近几十年来，营养液栽培技术得到不断创新和突破，1973年英国温室作物研究所Cooper教授提出营养液膜法（Nutrient Film Technique，NFT）水耕栽培模式，显著减少了营养液用量，简化了栽培结构，降低了生产成本。同时，日本研制出了深液流栽培法（Deep Flow Technique，DFT），相继形成了M式、神园式、协和式、新和等量交换式等营养液栽培模式。20世纪70年代以来，荷兰、丹麦等国家研制出岩棉无土栽培技术，采用岩棉替代传统土壤，并通过以滴灌为核心的水肥一体化技术，实现番茄、黄瓜、彩椒等果菜类作物的工厂化生产。20世纪90年代末，气雾栽培方法使植物根际环境得到进一步改善。营养液栽培技术的不断进步为蔬菜工厂安全清洁生产提供了可能，为蔬菜工厂发展提供了重要的技术支撑。

2. LED节能光源技术

发光二极管（Light Emitting Diode，LED）发明于1961年，是继白炽灯、荧光灯、高气压放电灯之后的第四代光源。作为新一代半导体固态光源，与传统光源相比，LED具有结构简单、体积小、重量轻、安全性高、寿命长等特点，而且还具有能耗低、发光效率高、发热低、波长专一、光色纯正等显著优势。LED的出现使植物光环境（光质、光强、光周期）精准调控成为可能，可以根据植物生长和营养品质需求构建不同的光配方，实现动态智慧调控。同时，LED属于冷光源，发热量少，使多层立体栽培、近距离照射成为可能，大大降低了人工光蔬菜工厂的制冷负荷，减少了运行成本。随着LED节能光源技术的不断进步，制造成本逐年下降，节能型植物专用LED光源日益普及，为蔬菜工厂发展提供了重要的支撑。

3.智慧化环境管控技术

智慧蔬菜工厂环境智能调控是在物联网和传感器(环境因子传感器和植物信息传感器)技术的基础上发展起来的。蔬菜工厂作为环境高度可控的生产系统,利用物联网技术将传感器的各种感知信号通过无线或有线的长距离或短距离通信网络与物联网域名连接起来实现互联互通,以实现实时对智慧蔬菜工厂温度、湿度、CO_2浓度、光照、气流以及营养液 EC、pH、DO 和液温等环境因子进行在线监测、远程控制和智能化管理等。智能控制技术的快速发展为蔬菜工厂实现机械化、自动化和智慧化管控提供了可能。

1.3 国内外发展历程

1.3.1 国外历史回顾

早在公元1世纪,老普林尼记载了巩固罗马帝国统治的提比略皇帝十分喜欢黄瓜,因此园丁们设计了一种人造系统,使用油布和云母框架,从而满足黄瓜的全年种植,这个系统便是现代温室的雏形。类似的设计系统在世界其他地区也存在,首个被记录的温室产生于14世纪50年代的韩国,这个温室利用了地板加热体系,用于补充温室内部的温度。在17世纪的欧洲,人们对不同规模的温室进行了测试,凡尔赛温室就是个案例。19世纪,随着平板玻璃制造工艺在欧洲的突破,玻璃作为温室覆盖材料成为现实,1851年,在英国伦敦海德公园展览的9.3万 m^2 水晶宫开启了大型玻璃温室的先河,自此温室的应用逐步扩大。20世纪50年代以来,以荷兰为代表的温室结构发展逐渐走向连栋化,推动了蔬菜工厂化产业发展。现代连栋温室更是结合了自动化调控系统,可以建造出不同规模和形态的结构,并且还拥有更加丰富的功能。20世纪60年代,欧美开始进行蔬菜工厂化生产试验,并进行示范推广。1971年,丹麦建成叶菜工厂,快速生产独行菜、鸭儿芹、茼蒿等。1974年,日本建成一座由电子计算机调控的蔬菜工厂。蔬菜工厂有电子计算机控制的最佳综合环境自动调控系统、连续生产的自动流水作业机械装置、多层立体密植的现代化快速栽培技术，可以充分利用面积和空间，大大提高劳动生产率，用较短的时间，大量生产同一规格的优质鲜菜，实现定时定量生产。中国从1976年开始发展推广工厂化育苗技术，并建成电子计算机调控的大中型人工气候室，使蔬菜生产进一步朝工厂化方向发展。

1949年，美国植物生理和园艺学家F. W. Went教授在加州帕萨迪纳建立第一座人工气候室，1953年和1957年，日本和苏联相继建成的大型人工气候室，为人工光蔬菜工厂奠定了基础。最初的人工光蔬菜工厂以研究和生产叶菜为主，即叶菜工厂。1957年，丹麦约克里斯顿农场建成了世界上第一座人工光蔬菜工厂，1960年，美国通用电气公司开展人工光蔬菜工厂研发，1963年，奥地利卢斯那公司建成了一座高30 m的塔式人工光蔬菜工厂。此后，欧美等发达国家陆续开展蔬菜工厂化生产的研发与应用，但由于这一时期的光源主要采用高压钠灯，能耗高且发热量大，蔬菜工厂的发展仅停留在展示与试验研究阶段。日本人工光蔬菜工厂起步于20世纪70年代，但发展速度相对较快，1974年，日本电力中央研究所高辻正基等开始进行人工光植物工厂的研究，1983年，在静冈三浦农场推出日本第一个商业化人工光植物工厂，1989年，专门成立了植物工厂学会。截至2022年年底，日本已经建成300座以上的商业化人工光蔬菜工厂。

1.3.2 国内外发展现状

1. 国外蔬菜工厂发展现状

国外自然光蔬菜工厂发展速度较快，全世界大型现代化玻璃温室已达3万hm^2，主要集中在欧洲、加拿大和美国；普通塑料连栋温室约有35万hm^2，主要集中在东亚及环地中海等国家，如荷兰、日本、以色列、西班牙等。这些国家设施农业较为发达，设备标准化程度、种苗技术及规范化栽培技术、植物保护及新型覆盖材料开发、设施综合环境调控等都有较高的水平，居世界领先地位。美国、荷兰、日本等国家温室普遍采用无土栽培。美国蔬菜温室主要采用袋培和岩棉培无土栽培。荷兰全部采用岩棉培。日本采用岩棉培和水耕栽培等多种形态的无土栽培。英国近年研究出一种新型水培系统,可以自动调节营养液浓度(图 1-1 和图 1-2)。

图 1-1　岩棉培果菜工厂

图 1-2　水培叶菜工厂

从20世纪50年代起，欧美和日本等开始进行以高压钠灯为核心的人工光植物工厂探索，90年代，荧光灯开始应用，日本电力中央研究所和荷兰飞利浦公司开发了相关的人工光源及配套系统。蓝光LED的创新发明，为LED节能光源在植物工厂应用以及多层立体栽培提供了重要技术支撑。多年来，日本千叶大学、荷兰瓦赫宁根大学等一直致力于营养液栽培和人工模拟环境控制技术的创新研究。韩国首尔大学、英国诺丁汉大学等在营养液配方、光-营养协同调控等方面进行了系统探索，促进了人工光蔬菜工厂产业化应用，但由于存在系统能耗大、运行成本高等突出瓶颈，大规模应用仍受到一定限制。目前，人工光蔬菜工厂的研究逐渐转向光效能效提升、多层立体栽培系统装备创制和智能化管控研发等方面。在人工光蔬菜工厂的高技术研发领域，日本、美国等国家走在前列，其机械化、自动化、智能化程度较高，逐步实现了从播种、育苗、移栽、收获等生产过程的半自动化，正在向垂直农业与无人化等方向发展。同时，一些发达国家也在积极推进人工光蔬菜工厂的商业化应用和产业化推广，代表性的有美国新泽西州纽瓦克市AeroFarm公司智慧蔬菜工厂（图1-3）、美国Plenty公司垂直智慧蔬菜工厂（图1-4）、新加坡Sky Green公司垂直蔬菜工厂（图1-5）、英格兰Jones食品公司垂直智慧蔬菜工厂（图1-6）等。

2.国内智慧蔬菜工厂发展现状

我国的自然光蔬菜工厂（温室和大棚）面积居世界第一，约占世界自然光蔬菜工厂面积的40%。我国现代化连栋温室是在引进和自我开发并进的过程中发展起来的，目前我国已能够设计生产各种现代化连栋温室。我国现代化温室除智能化控制系统外，硬件系统基本达到与国际同步的水平，但品种和栽培管理方面的技术与发达国家还存在着较大的差距。在所有的设施栽培技术中，大型现代化温室的增长速度最快，并正在成为中国设施农业中最具热点的产业之一。自然光蔬菜工厂的骨架多采用热镀锌管（板），覆盖材料多为玻璃、双层充气膜、PC板等。对于无土栽培、优良品种选育的研究已达到国际领先水平，但是成果的应用还较为有限，机械化程度有待提高，节水灌溉技术和设备还处于研究和待应用阶段，系统的成套性还较差，主要部件品

图 1-3　美国 AeroFarm 公司智慧蔬菜工厂

种少，质量不稳定。

我国是人工光蔬菜工厂产业化发展最快的国家，十几年时间走过了发达国家几十年的发展道路，目前成为数量仅次于日本的人工光蔬菜工厂大国，产品已经进入电商或超市平台。近年来，我国的人工光蔬菜工厂研究主要围绕光效能效提升、环境与营养调控以及无人化成套技术研发与装备创制等方

图 1-4　美国 Plenty 公司垂直智慧蔬菜工厂

图 1-5　新加坡 SkyGreens 公司垂直蔬菜工厂

图 1-6　英格兰 Jones 食品公司垂直智慧蔬菜工厂

面，我国正在成为全球规模最大的装备生产国。中国农业科学院于 2006 年建成中国首座面积为 20 m^2 的科研型人工光蔬菜工厂实验室，于 2009 年建成 100 m^2 LED 蔬菜工厂试验系统，解决了国产人工光蔬菜工厂关键技术难题和光配方优化调控技术，为中国蔬菜工厂研究奠定了基础。2009 年，国内首例智能人工光蔬菜工厂在长春农博会亮相，标志着我国人工光蔬菜工厂商业化应用正式起步。2010 年，上海世博会首次展出的"低碳·智能·家庭植物工厂"为智慧蔬菜工厂技术走向家庭和都市生活提供了超前的示范样板。2013 年，中国正式将"智能化植物工厂生产技术研究"项目列入国家"863"计划，10 多家科教单位联合攻关，突破了一批植物工厂核心关键技术。作为农业领域唯一入选国家"十二五"科技创新成就展的标志性重大成果，"智能 LED 植物工厂"受到党和国家领导人的高度肯定。京鹏示范型植物工厂是我国第一座规模化的人工光蔬菜工厂，由北京市农业机械研究所和北京京鹏环球科技股份有限公司联合建立。该工厂位于北京市通州区，占地 1 289 m^2，内部分为组培播种区、育(炼)苗区、生产收获区和包装贮藏区四大区域，配有人工光利用型、太阳光利用型、太阳光和人工光并用型三种不同模式的蔬菜工厂生产车间。2015 年，中国科学院植物研究所与福建三安集团有限公司（简称中科三安）合作成立福建省中科生物股份有限公司，共建植物工厂研究院和植物工厂产业化基地，有力推动了 LED 植物光源及蔬菜工厂自动化装备的产业化进程，并实现向美国、新加坡等国家输出技术产品。2017 年，中国农业科学院主持完成的“高光效低能耗 LED 智能植物工厂关键技术及系统集成”获得国家科技进步奖二等奖。2021 年，中国农业科学院都市农业研究所研发的“无人植物工厂水稻育种加速器”实现水稻生育期减半、63 天收获（图 1-7），开辟了植物工厂快速育种新方向。

图 1-7　无人植物工厂水稻育种加速器（国家“十三五”科技创新成就展）

近年来，植物工厂全流程作业的智能化以及无人植物工厂智能装备研发等研究领域竞争激烈，已成为全球植物工厂竞争高地。中科三安研发出 UPLIFT AI 自动化垂直农业生产系统（图 1-8），率先实现除采收外的全流程无人化作业，获 2021 年第一届中国农业机器人创新大赛一等奖。其中 UPLIFT 无人化垂直农业生产系统首次在陕西杨凌农高区智慧农业示范园商业化落地，占地 2 400 m^2，种植层架达到10 层。上海英植科技有限公司（图 1-9）开发的无人化植物工厂，正在进行中试示范并取得了较好的效果，有望进行规模化推广应用。江西上饶投资 3 000 万元建成的 20 层人工光植物工厂，为目前亚洲最高（总高 12 m）的全自动封闭式人工光植物工厂，采用全程无人化生产模式，可稳定供应多品种绿叶蔬菜 2 t/d。

图 1-8　UPLIFT AI 自动化垂直农业生产系统

图 1-9　上海英植科技有限公司无人化植物工厂生产系统

2023年，中国农业科学院都市农业研究所创制的全球首座超高层无人化植物工厂在第二届国际垂直农业大会（VertiFarm，2023）亮相，该垂直农业生产系统由中国农业科学院都市农业研究所与沈阳新松机器人有限公司、木林森股份有限公司等单位历经3年多共同研发完成，率先攻克了20层植物工厂栽培环境均匀调控、智能LED精准调光、光—温耦合节能调控、营养液在线监控、全流程机器人辅助生产等核心关键技术，系统融合了机械工程、材料工程、生物技术、自动化和信息科学等多学科先进技术，创制了全套自动化作业机器人、自动物流系统及智慧监测管理系统等智能决策系统装备，可实现从播种、间苗到采收、清洗包装等全流程的自动化操作及高效生产智慧管控，极大降低植物工厂生产资源投入和人力消耗，显著提高了植物工厂的资源利用效率及生产效率（图1-10）。

图1-10　中国农业科学院都市农业研究所植物工厂生产系统

1.3.3　研究成果与拓展方向

近年来，人工光蔬菜工厂在我国从无到有，产业规模不断扩大，深圳、厦门、成都、浙江等地出现了单体面积超过1万m^2的世界最大规模的人工光蔬菜工厂以及栽培层数达20层的超高层人工光蔬菜工厂，一大批知名企业也纷纷加入产业研发与应用推广行列，人工光蔬菜工厂产业呈现欣欣向荣的局面。作者所在的团队多年来为人工光蔬菜工厂科技进步作出了重要贡献，牵头组织的国家“十二五”863计划、国家“十三五”规划和“十四五”规划等重点研发项目，在提升生产效率、保障品质与安全、增强环境适应性、节约能源和水肥资源等关键技术研发、推广与普及等方面形成了一批具有自主知识产权的创新成果，有效支撑了蔬菜工厂化产业发展和技术需求。

随着全球人口的增长以及对健康饮食的需求不断扩大，传统的农业生产方式面临着前所未有的挑战。如何确保食物供应的安全性、可持续性和高效性，如何用信息技术、生物技术和工程技术武装现代农业，这正是智慧蔬菜工厂潜心研究的核心议题。位于时代前沿的智慧蔬菜工厂将创新理念、尖端技术和农艺技术完美融合，通过融合信息感知、智慧决策、智能装备和工厂化技术方法，把原有的劳动密集型种菜传统推进到工业化生产体系；通过精准地修改植物细胞内的遗传密码，培育出具有一流抗病能力、更加丰富的营养价值及适应极端环境生长的新品种蔬菜，用于工厂化生产；通过人工智能算法精确调控温度、湿度、光照等关键因素，以优化作物的成长周期和产量，每一株植株都在精心设计的环境中发挥着它的最大潜能，仿佛一位位舞者在无形指挥棒下展现出最优美的姿态。循环利用资源的技术也取得了突破性的进展，如废水净化系统实现了水资源的有效节约；生物反应器则将废弃物转化为宝贵的能源供给整个蔬菜工厂，真正做到了零排放的理想目标。智慧蔬菜工厂不只是创造更高效的蔬菜产出机器，更重要的是为子孙后代构建一种平衡生态与发展之间关系的方法论，颠覆了传统的生产体系和思维方式，代表了未来农业的发展方向。

第 2 章

蔬菜工厂化设施结构及特征

蔬菜工厂是利用自然光或人工光作为蔬菜光合作用的光源，按照一定的工艺流程进行蔬菜工厂化生产的高效农业系统。在空间结构上，蔬菜工厂通常由育苗室、控制室（水肥控制系统、CO_2 钢瓶及控制设备等）、栽培车间、收获与贮藏室、预冷保鲜及分拣包装车间以及管理室（办公与计算机控制系统）等功能室组成。通过这些空间结构功能的合理布局，实现蔬菜作物从种子到收获和上市整个产业链的全程工厂化生产。在系统结构上，蔬菜工厂一般由营养液循环与控制系统、单层或多层立体水耕栽培系统、空气调节和净化系统、CO_2 气肥释放系统、人工光源系统以及计算机自动控制系统等各子系统组成。依据采用的光源类型不同，蔬菜工厂可划分为自然光蔬菜工厂、人工光蔬菜工厂和自然光与人工光并用型蔬菜工厂三种。以下将重点介绍自然光蔬菜工厂和人工光蔬菜工厂各自的类型及其特点。

2.1 自然光设施类型及特点

2.1.1 自然光设施类型

园艺设施主要包括塑料拱棚、日光温室、连栋温室和植物工厂四大类型，自然光蔬菜工厂以现代化连栋温室为主。连栋温室属于设施园艺中的高级类型，温室内的环境能实现计算机自动控制，基本不受自然气候条件下灾害性天气和不良环境条件的影响，能全天候周年进行蔬菜作物生产。该类温室用玻璃、硬质塑料板材和塑料薄膜等进行覆盖，由计算机监测和智能化管理系统，根据蔬菜作物的生长发育的要求调节环境因子。

1. 文洛型玻璃温室

文洛型玻璃温室（Venlo Type Greenhouse，简称 Venlo 型温室）是我国引进玻璃温室的主要形式，是荷兰研究开发而后流行全世界的一种多脊连栋小屋面玻璃温室（图 2-1）。温室单间跨度一般为 3.2 m 的倍数，开间距 3 m、4 m 或4.5 m，檐高 3.5～5.0 m。根据桁架的支撑能力，可组合成 6.4 m、9.6 m、12.8 m 的多脊连栋型大跨度温室。覆盖材料采用4 mm厚的设施专用玻璃，透光率大于 92%。开窗设置以屋脊为分界线，左右交错开窗，每窗长度 1.5 m，一个开间（4 m）设两扇窗，中间 1 m 不设窗，屋面开窗面积与地面面积比率（通风比）为 19%。

图 2-1　文洛型温室番茄生产场景

2. 里歇尔温室

里歇尔温室（Richel Greenhouse）是由法国瑞奇温室公司研究开发的一种流行的塑料薄膜温室，在我国引进温室中所占比重最大。一般单栋跨度为

6.4 m或8 m，檐高 3.0～4.0 m，开间距 3.0～4.0 m，其特点是固定于屋脊部的天窗能实现半边屋面(50%屋面)开启通风换气，也可以设侧窗卷膜以增强通风效果(图 2-2)。该温室的通风效果较好，且采用双层充气膜覆盖，可节能30%～40%，构件比玻璃温室少，空间大，遮阳面少，根据不同地区风力强度大小和积雪厚度，可选择相应类型结构。但双层充气膜在南方冬季多阴雨雪的天气情况下，透光性受到影响。我国研发的华北型现代化温室与里歇尔温室有许多相似之处，其骨架由热浸镀锌钢管及型钢构成，透明覆盖材料为双层充气塑料薄膜。

图 2-2　里歇尔温室外观

3.卷膜式全开放型塑料温室

卷膜式全开放型塑料温室(Full Open Type Greenhouse)是一种拱圆形连栋塑料温室(图 2-3)。这种温室除山墙外，顶侧屋面均可通过手动或电动卷膜机将覆盖薄膜由下而上卷起，达到通风透气的效果。可将侧墙和 1/2 屋面或全屋面的覆盖薄膜全部卷起成为与露地相似的状态，以利于夏季高温季节栽培作物。由于通风口全部覆盖防虫网而有防虫效果，我国国产塑料温室多采用这种形式。其特点是成本低，能有效利用夏季雨水淋溶以防止土壤盐类积聚，同时具有简易、节能等优点，有利于提升夏季通风降温效果。

图 2-3 卷膜式全开放型塑料温室外观

4. 屋顶全开启型温室

屋顶全开启型温室(Open-roof Greenhouse)最早是由意大利的 Serre Italia 公司研制的一种全开放型玻璃温室，近年在亚热带地区逐渐兴起。其基本结构与 Venlo 型温室相似，特点是以天沟檐部为支点，可以从屋脊部打开天窗，开启度可达到垂直程度，即整个屋面的开启度可从完全封闭直到全部开放状态。侧窗则用上下推拉方式开启，全开宽度可达 1.5 m。全开时可使室内外温度保持一致，也便于夏季接受雨水淋洗，防止土壤盐类积聚(图 2-4)。

2.1.2 自然光设施配套设备

现代温室除主体骨架外，还可根据情况配置各种配套设备以满足不同要求。

1. 通风系统

温室通风可分为自然通风和强制通风两种方式。通风设计与通风管理是

图 2-4　屋顶全开启型温室内景

决定通风系统性能的关键因素。自然通风系统是温室通风换气、调节室温的主要方式。强制通风主要依靠机械设备和合理的通风口设计与调控管理实现室内外空气交换，以实现通风换气和调节室内温度的目的。温室的通风根据通风口的位置不同，又可分为为顶窗通风、侧窗通风和顶侧窗通风三种方式。

2. 加热系统

加热系统与通风系统结合，可为温室内作物生长创造适宜的温度和湿度条件。目前冬季加热多采用集中供热、分区控制方式，主要有热水管道加热(图 2-5)和热风加热两种系统。热水管道加热系统由锅炉、锅炉房、调节组、连接附件及传感器、进水及回水主管、温室内的散热管等组成。热风加热系统利用热风炉通过风机把热风送入温室各部分加热。该系统由热风炉、送气管道、附件及传感器等组成。热水管道加热系统在我国通常采用燃煤加热，其优点是室温均匀，停止加热后室温下降速度慢，水平式加热管道还可兼作温室高架作业车的运行轨道；缺点是室温升高慢，设备材料多，一次性投资大，安装维修费时费力。热风加热系统采用燃油或燃气加热，其特点是室温升高快，但停止加热后降温也快。热风加热系统还有节省设备资材、安装维修方便、占地面积少、一次性投资小等优点，适用于面积小、加温周期短的温室。温室面积规模大的，应采用燃煤锅炉热水供暖方式。此外，在对温室进行加温时，还可利用工厂余热、太阳能集热加温器以及地下热交换等节能技术，以进一步提高能源效率。

图 2-5　温室热水管道加热系统

3. 幕帘系统

幕帘系统（图 2-6）包括帘幕系统和传动系统，帘幕按照安装位置的不同可分为内遮阳保温幕和外遮阳幕两种。幕帘的传动系统有钢索轴拉幕系统和齿轮齿条拉幕系统两种。前者传动速度快，成本低；后者传动平稳，可靠性高，但造价略高，二者均可自动控制或手动控制。

图 2-6　温室幕帘系统

4. 降温系统

降温系统主要包括微雾降温系统和湿帘-风机降温系统两种类型。微雾降温系统形成的微雾在温室内迅速蒸发，大量吸收空气中的热量，然后将潮湿空气排出室外达到降温目的，如配合强制通风则效果更好。其降温能力在3～10 ℃，是一种低成本的降温技术。湿帘-风机降温系统利用水的蒸发降温原理来实现降温。通过水泵将水泵至温室特制的疏水湿帘，湿帘通常安装在温室北墙上，以避免遮光影响作物生长(图 2-7)。风机则安装在南墙上，当需要降温时启动风机将温室内的空气强制抽出并形成负压。室外空气在因负压被吸入室内的过程中以一定速度从湿帘缝隙穿过，与潮湿介质表面的水汽进行热交换，导致水分蒸发和冷却，冷空气流经温室吸热后再经风机排出达到降温目的。

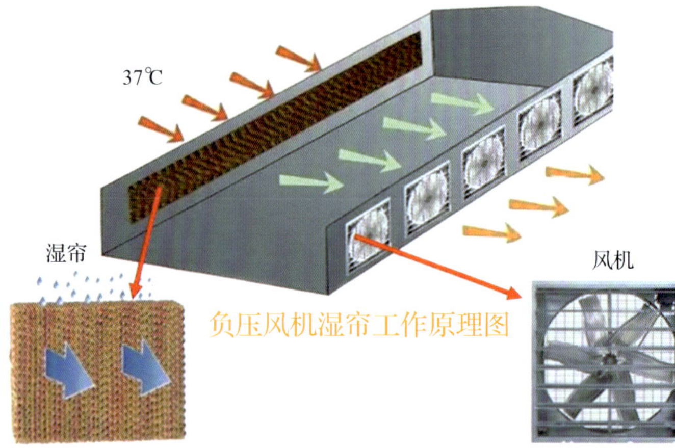

图 2-7 温室湿帘-风机降温系统

5. 补光系统

补光系统所采用的光源灯具要求有防潮设计、使用寿命长、发光效率高，如生物效应灯及农用钠灯等，悬挂的位置与植物行向垂直为宜(图 2-8)。补光光源可通过配套的光源调控系统，根据外界光环境变化与作物生长发育的需要，实现自动或手动控制。

图 2-8 温室补光系统

6. 补气系统

补气系统包括CO_2施肥系统和环流风机两大部分。CO_2气源可直接使用贮气罐或贮液罐中的工业用CO_2，也可利用CO_2发生器将煤油或石油气等碳氢化合物通过充分燃烧而释放CO_2，我国普通温室多使用强酸与碳酸盐反应释放CO_2，原料易得，成本较低。封闭的温室内，CO_2通过管道分布到室内，均匀性较差，启动环流风机可提高CO_2浓度分布的均匀性(图 2-9)。

图 2-9　温室CO_2发生器

7. 灌溉和施肥系统

灌溉和施肥系统包括水源、储水池及供给设施、水处理设施、灌溉和施肥设施、田间管道系统、灌水器如喷头、滴头、滴箭等(图 2-10)，可根据不同阶段作物对水分和营养的需求，由控制系统对栽培作物进行水肥管理。

8. 计算机自动控制系统

自动控制是现代温室环境控制的核心技术，利用计算机自动控制系统可自动测量温室的气候和土壤参数，并对温室内配置的所有设备实现优化运行和自动控制，如开窗、加温、降温、加湿、调节光照、补充CO_2、灌溉施肥和环流通气等(图 2-11)。

图 2-10　温室灌溉和施肥系统

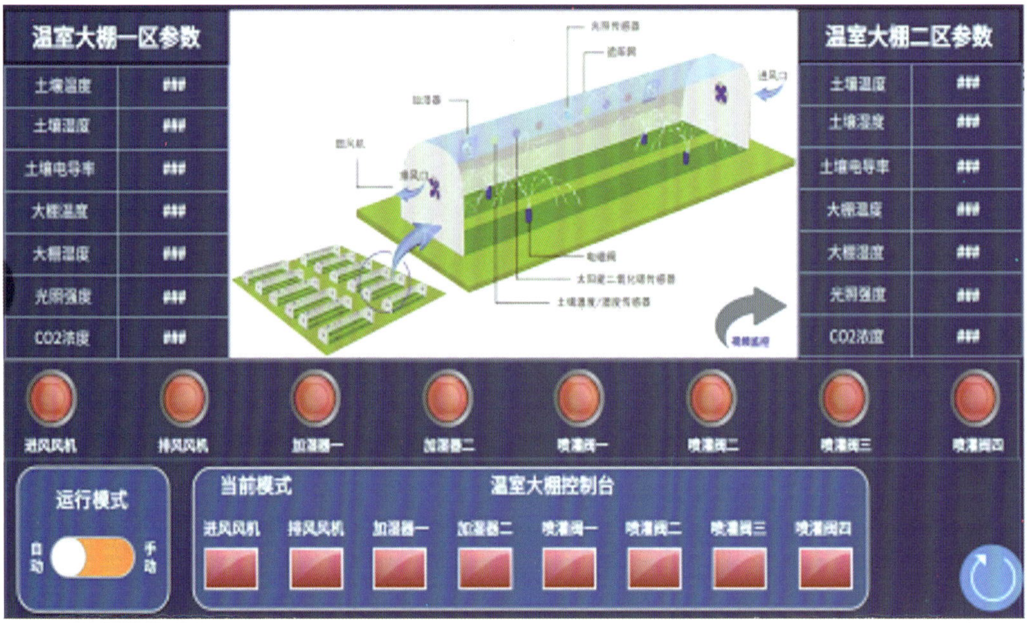

图 2-11　温室计算机自动控制系统

2.1.3 自然光蔬菜工厂环境特点

1. 温度

连栋温室是具有较高热效率的加温系统，在最寒冷的冬季和春季，不论晴好天气还是阴雪天气，都能保证园艺作物正常生长发育所需的温度，12月至翌年1月，夜间最低温度不低于15 ℃。上海孙桥荷兰温室，当气温达到18 ℃时，地温仍能达到作物要求的适温范围和持续时间。在炎热的夏季，采用外遮阳系统和湿帘-风机降温系统，可保证温室内温度达到作物对温度的要求。位于南方的现代化连栋温室，在夏季室外温度达38 ℃时，室内温度要求不高于28 ℃，必须通过有效的降温措施才能保障作物适宜环境的需求。

采用热水管道加热或热风加热方式，可根据作物的栽培方式合理布局散热管道。除固定管道外，还可设置移动升降式加热管道，从而实现温度的均匀分布，确保作物生长整齐一致。此种加热方式清洁、安全、没有烟尘或有害气体，不仅对作物生长有利，也能保障生产管理人员的身体健康。因此，现代化连栋温室可以完全摆脱自然气候的影响，实现一年四季园艺作物的全天候生产，并达到高产、优质和高效的目标。然而，值得注意的是，连栋温室的加热能耗往往很高，燃料费昂贵，将大大增加运行成本。据测定在南方多雾的季节，一个400 m^2的温室每天的加热燃油费用高达300～400元。双层充气薄膜温室夜间保温能力优于玻璃温室，而中空玻璃或中空聚碳酸酯板材（阳光板）具有较低的导热系数，故保温能力最优，但价格也最高。不同温室覆盖材料性能比较见表2-1。

表2-1 不同温室覆盖材料性能比较

指标	普通农膜	多功能膜	多功能膜（双层）	玻璃（4 mm）	中空玻璃（12 mm）	聚碳酸酯板中空
导热系数/[kJ/(m^2·℃·h)]	29 307.6～33 494.4	16 747.2～18 840.6	14 653.8～16 747.2	23 027.4～25 120.8	12 562.4～13 397.8	10 467～12 562.4
透光率/%	85～90	85～90	75～80	90～95	80～85	85～90

2. 光照

现代化温室覆盖物包括塑料薄膜、玻璃或塑料板材(PC 板)等,具有全面采光、透光率高、光照时间长、光照分布均匀等优点。所以这种全光型的大型温室,即便在最冷的、日照时间最短的冬季,仍然能正常生产喜温果菜,并能获得很高的产量。

冬春季节一些双层充气薄膜温室或阴雨天较多的地区都会造成室内光照不足,影响喜光作物的生长。为了改善这一情况,可在温室内配备人工补光设备,如高压钠灯、LED 等灯具,以便在自然光不足时进行补充,从而促进作物优质高产。

3. 湿度

连栋温室空间高大,作物生长势强,代谢旺盛,作物叶面积指数高,通过蒸腾作用释放出大量水汽浸入温室空间,在密闭情况下,水蒸气经常达到饱和。但现代温室有完善的加热系统,加热可有效降低空气湿度,比日光温室因高湿环境给作物生育带来的负面影响要小很多。

夏季炎热高温,现代化温室内有湿帘-风机降温系统,在降低温室内温度的同时还能保持适宜的空气湿度,为作物创造良好的生态环境。

4. 气体

现代化温室的 CO_2 浓度明显低于露地,不能满足作物的需要,白天光合作用强时发生 CO_2 亏缺。据测定,引进的荷兰温室中,白天(10:00—16:00)CO_2 浓度仅有 0.024%,不同种植区有所区别,但总的趋势一致,所以须补充 CO_2 进行气体施肥,以便获得较好的作物产量和品质。

5. 栽培介质

国内外现代化温室为解决温室土壤的连作障碍、土壤酸化、土传病害等一系列问题而越来越普遍地采用无土栽培技术。果菜类蔬菜生产多用基质栽培,而水培主要生产叶菜,其中生菜面积最大。无土栽培克服了土壤栽培的许多弊端,减少了连作障碍和土传病害的发生。通过无土栽培与计算机自动控制系统,可以为不同作物、不同生育阶段以及不同天气状况下的高效生产准确提供必需的营养元素，为作物根系创造良好的营养与水分环境。

2.1.4 自然光蔬菜工厂优势

1. 透光率高

自然光蔬菜工厂具有独特的承重结构设计，可减少屋面骨架的断面尺寸，省去屋面檩条及连接部件，减少遮光；还使用高透光率专用覆盖材料，使透光率大幅度提高。

2. 密封性好

由于采用了专用铝合金及配套的橡胶条和注塑件，自然光蔬菜工厂密封性大大提高，有利于节省能源。

3. 屋面排水效率高

由于每一跨内有 2～6 个排水沟（天沟数），与相同跨度的其他类型温室相比，每个天沟汇水面积减少 50%～83%。

4. 使用灵活且构件通用性强

使用灵活且构件通用性强这一特性为温室工程的安装、维修和改进提供了极大方便。Venlo 型温室在我国，尤其是我国南方应用的最大不足是通风面积过小。由于其没有侧通风，且顶通风比仅为 8.5%或 10.5%。在我国南方地区往往通风量不足，夏季热蓄积严重，降温困难。近年来，我国针对亚热带地区气候特点对其结构参数加以改进、优化，加大温室高度，并加强顶侧通风，设置外遮阳和湿帘-风机降温系统，增强抗台风能力，提高其在亚热带地区的使用效果。

2.2 人工光蔬菜工厂结构组成及特点

2.2.1 人工光蔬菜工厂结构组成

人工光蔬菜工厂根据其不同的类型特征，其结构组成有所差异。一般情况下主要包括外围护结构和内部功能区，内部功能区主要包括设备间、风淋室、育苗室和生产室等（图 2-12）。

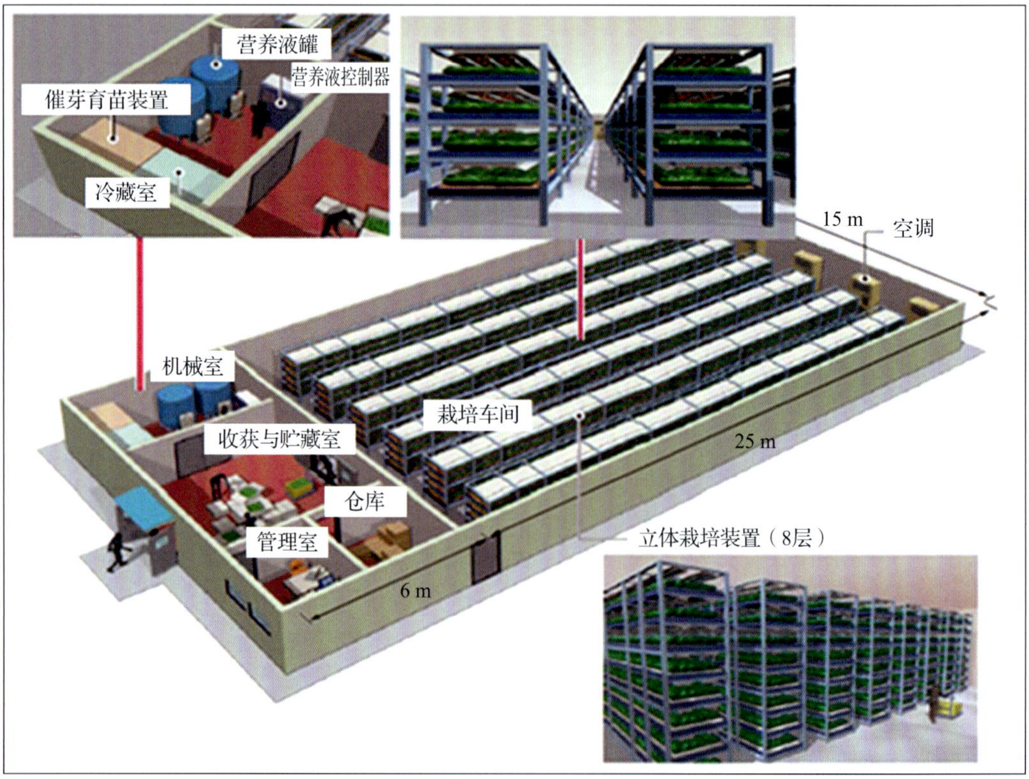

图 2-12　人工光蔬菜工厂结构组成

1. 外围护结构与材料

为了利用最少的能量抵御外界不利气候的影响，维持室内适宜的环境条件，人工光蔬菜工厂需要采用不透光的保温绝热材料作为外围护结构。外围护结构是保障人工光蔬菜工厂环境稳定的基础，对于不依赖已有建筑的蔬菜工厂，外围护结构一般要求建在混凝土结构基础及钢骨架上，外侧采用两面金属、中间填充发泡材料的熟化成型彩钢夹芯板，目前主要以聚乙烯彩钢夹芯板、聚氨酯夹芯板洁净板材和防火性能较好的岩棉夹芯板等材料为主，具有洁净、防腐、防潮、保温隔热等特征，能满足人工光蔬菜工厂内部的高湿环境以及清洗消毒等操作的需要。也有一些蔬菜工厂直接采用已有建筑，对于已有建筑不满足蔬菜工厂保温隔热条件的，在建筑内侧添加彩钢夹芯板；而对于已满足条件的则无须再用彩钢夹芯板进行保温隔热。在我国大部分地区，彩钢夹芯板的厚度通常要达到 100 mm 以上才能满足要求，具体厚度会受到地理位置、气候条件、采用已有建筑与否和已有建筑情况等因素影响。

外围护结构主要起到结构支撑和保温隔热的作用，一般在蔬菜工厂外围护结构的内侧添加一层洁净板材，用于保证室内洁净、美观，有时也用于内部功能区的划分。洁净板的材料主要包括不锈钢、镀锌板、聚氯乙烯（Polyvinyl Chloride，PVC）等十几种材质，芯材可使用岩棉、玻璃丝绵、纸蜂窝、陶铝板等。洁净板材在生产过程中常采用特殊的涂层工艺，如银离子净化涂层等，使之具有较好的防尘效果，并且易于清洗。有的板材中还加入抗菌剂，从而制成具有无毒性及半永久性抗菌效果和远红外辐射效果的抗菌洁净板。采用上述工艺的洁净板具有防尘、防静电、抗菌等效果，对保证蔬菜工厂良好的室内环境具有重要作用。

2. 内部功能分区

在一个功能完善的人工光蔬菜工厂内，为了满足生产需求，一般将工厂内部进行功能划分，主要包括生产室、育苗室、风淋室、设备间等，在实际生产中，为保证整个生产流程以及后期包装加工等环节的顺利进行，还需要配备冷藏室、包装加工室、监控室、准备间、员工休息换装室等。

生产室是人工光蔬菜工厂主体，其他设施均为其配套。由于育苗所需温度、光照等环境区别于生产阶段环境，往往在生产室旁边设置配套有育苗室，育苗室需与生产室紧邻或内部相连相通，以便于植物种苗移栽。设备间主要为育苗室和生产室进行营养液、温度、湿度和增施 CO_2 等系统调控配备的空间，因此需要紧邻育苗室和生产室。监控室和员工休息换装室一般相邻，并且置于生产区的前端，便于及时查看生产区生产环境。包装加工室和冷藏室应靠近生产室的采收端，便于采收后简单处理，未及时售出的产品可以得到及时的保鲜保存。

生产室是人工光蔬菜工厂的核心区域。生产功能区主要由装配有光照装置的立体多层栽培模组、营养液循环系统、空调环境调控系统、CO_2 施肥系统和智能环控系统等组成（图 2-13）。

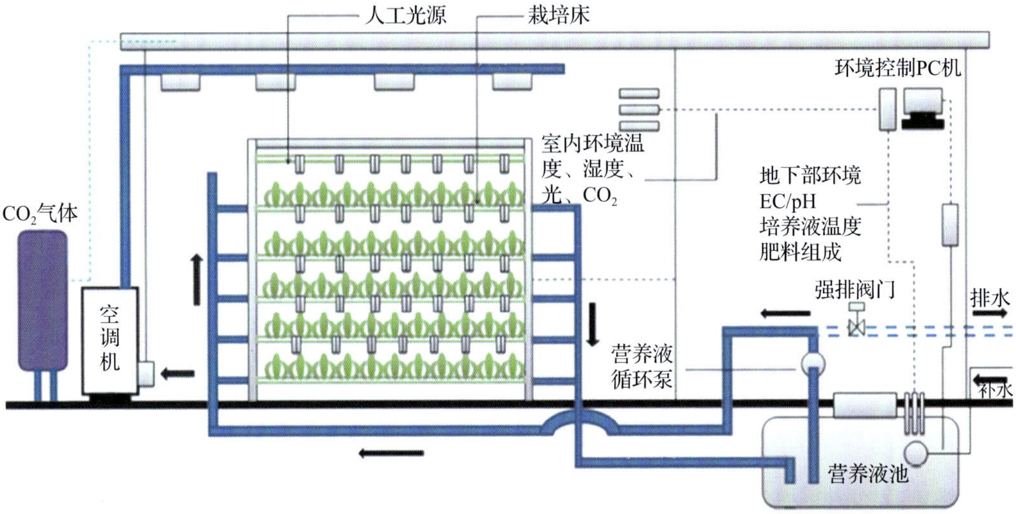

图 2-13 人工光蔬菜工厂生产功能区构成

立体多层栽培模组主要包括立体多层栽培架以及每层装配的人工光源。人工光源是蔬菜工厂唯一的光照来源,对果蔬的生长发育以及品质起到重要的调控作用。目前,采用发光二极管(LED)的方式较为普遍。立体多层栽培显著提高了单位面积土地利用效率,提升幅度可达几倍甚至几十倍。人工光源,尤其是LED的使用,使得室内光环境(光质、光强、光周期及供光模式等)的精准调控成为可能。

营养液循环系统包括栽培槽、储液槽、循环水泵、检测传感器(EC、pH、DO和液温等)、过滤与消毒装置、电磁阀与连接管路以及自动控制装置等部分组成。为了保证营养液中具有充足的溶氧量,有时需要增加氧气泵。营养液栽培的方式可以包括深液流栽培(Deep Flow Technique,DFT)、浅液流或者营养液膜栽培(Nutrient Film Technique,NFT)和雾培(Aeroponic System)等多种形态,人工光蔬菜工厂一般多采用DFT模式。

环境控制系统是人工光蔬菜工厂最重要的控制系统之一,主要包括温度、湿度、CO_2浓度、光照强度和光照周期等根上部环境因子,以及根际环境因子(EC、pH、DO和液温)的综合控制。环境控制系统由传感器、控制器和执行机构三大部分组成。

温度、湿度等环境参数调控主要采用蒸汽压缩式热泵,热泵可用于蔬菜工厂降温、加热、增加室内风速、除湿等，在通风调温的同时也可以结合加湿器进行加湿等室内的综合环境控制。

CO_2作为植物光合作用的碳源，对植物生长发育、品质和产量都具有很大的影响。在白天，植物由于光合作用，CO_2不断被吸收利用。然而，由于室内具有较好的密闭性，基本不与外界空气进行交换，因此在未装配CO_2施肥系统时，室内CO_2会很快降低至CO_2补偿点以下，从而限制植物光合作用。基于此，在智慧蔬菜工厂，尤其是人工光蔬菜工厂中，装配CO_2施肥系统显得尤为必要。

3. 控制系统功能构成

计算机环境控制系统（简称计算机控制系统）是人工光蔬菜工厂的“心脏”，所有环境信息通过传感器进入计算机系统进行储存、显示，并通过控制软件进行分析、判断，从而完成对光照系统、热泵、CO_2施肥系统、营养液循环系统等各个执行机构设备的运行调控。计算机控制系统主要由三部分组成：数据采集单元、控制器和执行机构。各传感器对人工光蔬菜工厂内的温度、湿度、CO_2浓度、光照以及营养液等参数进行实时检测，经A/D转换器后送入单片机，完成数据采集；采用PLC为核心控制器，PC机与组态软件作为监控模块，两者通过串口进行通信来控制系统的执行部件，从而实现整个过程的智能化、人性化控制（图2-14）。

随着设施自动化、智能化技术的不断进步，人工光蔬菜工厂自动化和智能化程度也不断提升。目前适用于人工光蔬菜工厂的自动化设备，如自动移栽、自动收获等设备，正处于研发和中试阶段，希望在不久的将来，人工光蔬菜工厂能真正实现无人值守的工厂化自动生产。

2.2.2 人工光蔬菜工厂特点及优势

1. 人工光蔬菜工厂特点

人工光蔬菜工厂是指在完全密闭、环境精确可控的条件下，采用人工光源与营养液立体多层栽培技术，在几乎不受地理位置和外界气候条件影响的条件下，进行植物周年计划性生产的一种植物优质、高效、可持续的生产方式。

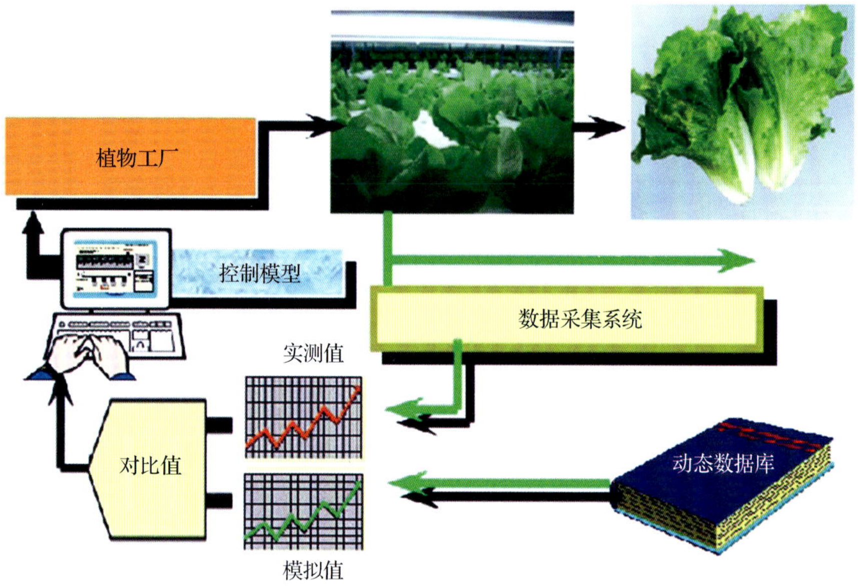

图 2-14　人工光蔬菜工厂计算机控制系统原理图

人工光蔬菜工厂主要特点为：①建筑结构为全封闭式，密闭性强，顶部及墙壁材料（硬质聚氨酯板、聚苯乙烯板等）不透光，热绝缘性好，不受地理位置和外界气候条件的影响；②仅利用人工光源，如高频荧光灯（Hf）和发光二极管（LED）等；③室内光照（光质、光强、光周期及供光模式等）、温度、湿度、CO_2浓度以及营养液（配方、EC、pH、DO及温度等）等要素均可进行精准调控，可实现周年计划性稳定生产；④采用营养液立体多层栽培方式，单位土地利用面积产量高；⑤室内无病原菌及病虫害的入侵，在不使用农药的前提下可实现绿色安全生产；⑥采用植物在线检测和网络管理技术，可实现远程监控；⑦建造成本和运行成本偏高。

2. 人工光智慧蔬菜工厂优势

与传统植物生产方式（露地、大棚或简易温室）相比，其优势如下：①环境（光照、温度、湿度、CO_2浓度以及根际营养等）完全可控，不受或很少受外界自然条件的制约，可实现周年按计划均衡生产、稳定供给；②单位土地资源利用率高，垂直空间立体栽培可使单位面积产量达到露地生产的几十倍甚至上百倍；③不施用农药，不存在土壤重金属污染，产品洁净安全；④操作省力，机械化、自动化程度高，工作环境相对舒适，可吸引年轻一代务农；⑤不受土地的约束，可在非耕地上进行生产；⑥可建在城市周边或城区内，实现就近产销，大大缩短产地到市场的运输距离，降低物流成本和碳排放。

基于以上独特的优势，人工光蔬菜工厂的推广利用可为世界各国解决人口增长、资源紧缺、安全食品需求激增以及新生代劳动力不足等难题提供有效的技术途径。因此，人工光蔬菜工厂自诞生以来，一直被国际上公认为设施农业的最高级发展阶段，是衡量一个国家农业高技术水平的重要标志之一，同时也是国防、空间站以及星月探索等特殊场所新鲜食物补给的重要手段。

第3章 蔬菜工厂化生产环境需求规律

3.1 蔬菜光生物学机理

"万物生长靠太阳",光与作物的光合作用、营养生长、开花结实和植株形态建成密切相关,是影响作物产量积累和品质形成的重要因素。光可以从光强、光质、光周期和光分布等方面影响植物生长发育与物质代谢过程。光照射到叶片后,一部分光将被直接反射到空气中和穿透过叶片,另一部分光将被叶片光合反应中心捕光天线蛋白捕获(图 3-1),启动光合能量转化的高能反应过程,实现光能—电能—化学能的转化,完成光合碳固定过程(图 3-2)。

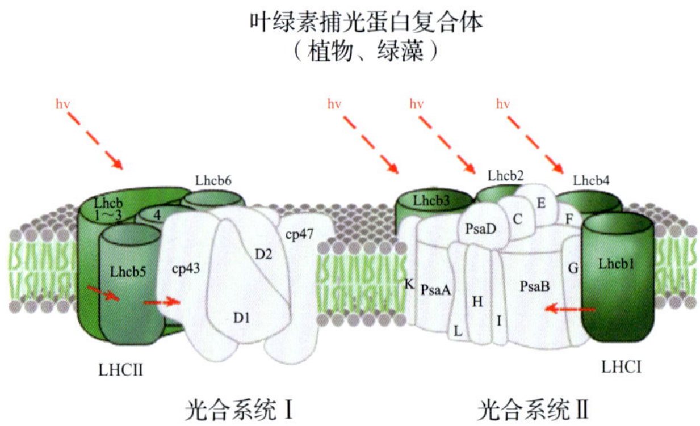

图 3-1 叶片光合反应中心捕光天线蛋白(引自 KEGG 代谢通路,https://www.kegg.jp/pathway/map=map00196&keyword=PHOTOSYNTHESIS)

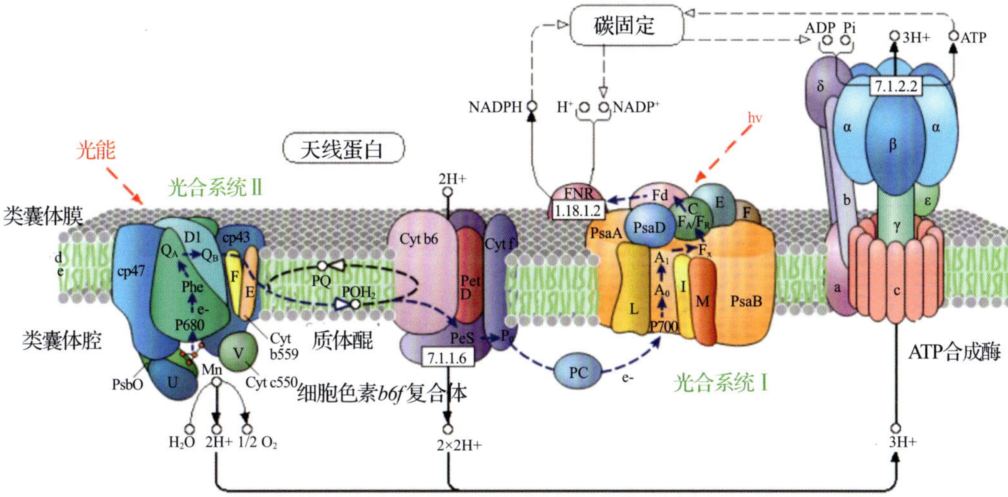

图 3-2　植物叶片光合碳固定过程(引自 KEGG 代谢通路，https://www.kegg.jp/pathway/map=map00195&keyword=PHOTOSYNTHESIS)

对植物而言，光除了是重要的能量来源，更是一种环境信号。高等植物叶片除具有捕获光能的各类蛋白外，还拥有能够感知外界光环境变化的各类光受体(如光敏色素、隐花色素、向光素等)。植物通过光受体感知外界光环境变化进而调节自身生长发育(图 3-3)。不同光谱能够通过对应的光受体启动植物体内的光新传递过程，激活或抑制下游相关基因，调节植物的生长，改变植物的形态，使其更加适应自身所处的环境。例如，远红光通过光敏色素启动番茄自身的抗氧化系统，可显著提升番茄幼苗的耐盐能力。虽然植物的绿光受体还未被发现和证实，但是绿光作为一种重要的光信号，可通过调节内源激素合成，以及氮代谢与光合反应中心关键基因表达，提升植物的光合性能与抗逆性。

蔬菜工厂化生产过程中，蔬菜生长所需的光能全部或部分来自人工光源，为实现蔬菜工厂化生产的节本增效，光环境调控显得尤为必要。蔬菜工厂化生产过程中光环境的调控，需要根据作物种类和生长阶段的差异，采取适宜的光环境调控策略，以提高栽培蔬菜的光能效率，实现蔬菜工厂化生产的提质增效。因此，准确掌握植物光生物学机制是实现蔬菜工厂化生产光环境调控的先决条件。

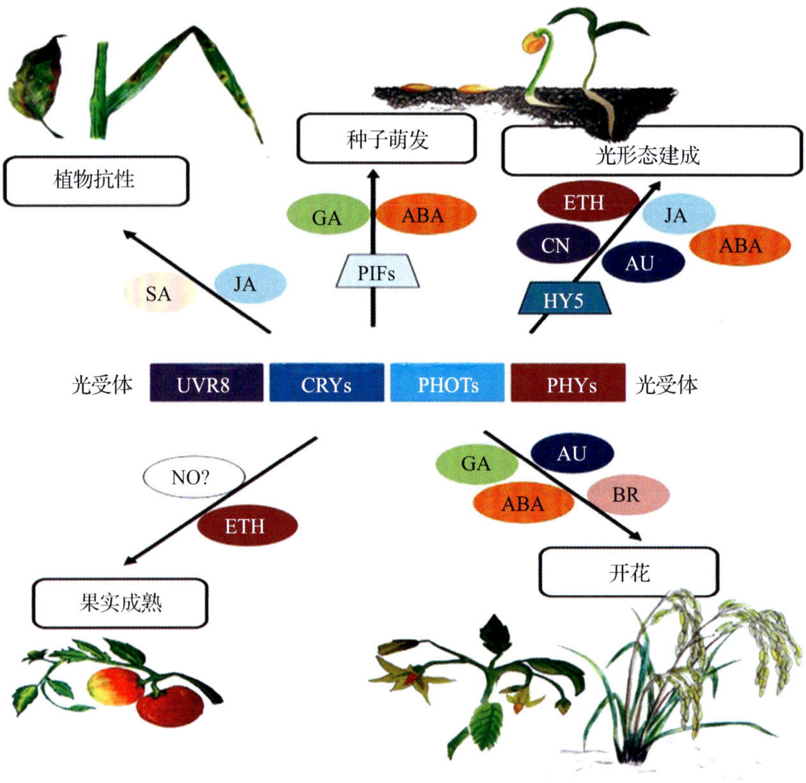

图 3-3 光信号调控植物光形态建成与生长发育(Mawphlang and Kharshiing,2017)

1. 光照强度

光照强度是蔬菜工厂化生产选择人工光源的重要依据。目前对光照强度的表述或度量方法有很多种(如光照度、光合有效辐射、光合有效光量子通量密度等)。但是对于植物生长发育而言,通常采用光合有效辐射、光合有效光量子通量密度来表征生长环境中的光照强度。

根据植物光合作用对光照强度的需求,光照强度可以划分为最低光照强度(光补偿点)、最高光照强度(光饱和点)以及最适光照强度。因植物叶片以及相邻植株之间的遮挡,植物冠层的光照强度自上而下变化较大。一般情况下对于植株冠层而言,光合速率随光照强度的增加会持续升高而不会出现光饱和现象,其主要原因是植物冠层分布不均。在高光强下,作物冠层顶部叶片虽已达到最高光强,但是冠层中下部叶片仍处于弱光环境条件下,为提升植株整体的光合性能,采用合理的人工光源进行层间补光是提升作物产量的有效手段。随着LED光源在农业补光中的推广应用,LED层间补光已成为蔬菜工厂化生产过程中提升产量和品质的有效手段。

2.光质

对于植物光合作用而言,其有效的光谱为400～700 nm,被称为光合有效辐射。又因植物叶片对600～700 nm的红光和400～500 nm的蓝光波段具有较强的吸收能力,红光和蓝光又被称为光合有效光质,其他光质(如绿光、远红光、UV等)被称为光合无效光谱。但是近年来发现,随着植物光生物学研究的不断深入,越来越多的研究结果证实绿光、远红光在调控植物的光合潜能和抗逆性等过程中发挥了重要作用。因此,近年来,蔬菜工厂化生产过程中所采用光源在光谱组成中除以红光、蓝光作为核心光谱外,还添加了绿光、远红光等微量的信号光质,以激发作物的光合潜能与光形态建成,提升作物的光能利用效率。

3.光周期

光周期(Photoperiod)是指在一天24 h内光照时间和黑暗时间的相对长度。在自然界中,日照长短变化是最可靠的环境信号。根据植物对光周期变化的响应差以及敏感性,植物可分为短日照植物、长日照植物和日中性植物。对于开花植物而言,通过调控作物生长环境的光照长短,可实现对作物光合产物的积累和对花期的调控,达到对作物营养生长与生殖生长的精准调控。研究发现,采用人工光源补光延长光照时间可显著促进水培生菜的干物质积累,显著降低硝酸盐含量,提升生菜品质。但是长期连续光照会导致某些作物如番茄叶片光合产物过量积累,导致光合器官受损,叶片光合能力下降。因此在蔬菜工厂化生产过程中,合理安排光照时间对保证蔬菜产量和品质至关重要。

3.2 蔬菜环境因子需求规律

1.温度

温度与植物的生长发育、物质代谢密切相关,是植物生命活动最基本的要素之一。植物必须在一定的环境温度条件下才能进行正常的体内生理活动，温度过高或过低都会对植物的生长产生不良影响，导致产量和品质下降。对于植物而言，环境温度可分为最高温度、最低温度和最适温度。

一般而言植物的最低温度为 0～5 ℃，最适温度为 20～30 ℃，最高温度为 35～40 ℃，在 35 ℃以上光合能力随气温升高而下降，40～50 ℃时完全停止。除空气温度外，根际温度的高低也会对作物根系生长发育和根系对水分和矿质营养的吸收产生影响。根际最适温度一般比空气最适温度低，通常为 18～22 ℃。

人工光蔬菜工厂内的气温和根际温度对植物的光合作用、呼吸作用，光合产物的合成、积累与转运，根系生长发育、水分与营养吸收以及各器官的生长发育具有显著影响。植物的最适温度受其他环境因子的影响，外界光照强度越强，CO_2 浓度越高，植物的最适环境温度也就越高。然而，当光照较弱、CO_2 浓度偏低时，气温过高会导致光合能力减弱、呼吸作用增强，植物光合产物的积累不能维持植物正常的生长发育需求，出现植物长势瘦弱、抗病性差等症状。为实现人工光蔬菜工厂植物快速生长以及产量和品质的提升，必须通过合理的温度调控策略和方法，为蔬菜提供适宜的温度条件。

与其他环境因子相比，温度是蔬菜工厂中相对较为容易调控的环境因子。蔬菜工厂内部的温度调节包含保温、加温和降温。温度调控的原则是达到能够维持适宜作物生长需求的设定温度，温度空间分布均匀且波动平缓。

在生产过程中维持一定的昼夜温差，有利于作物的光合产物积累、运输与分配。因此，在蔬菜工厂化生产过程中，合理地调控气温和根际温度可实现对作物产量、品质与能耗的综合调控，是提升蔬菜工厂化生产经济效益的重要手段之一。

2. 湿度

湿度是影响作物生长发育的重要环境因子之一。设施栽培条件下湿度可分为空气湿度与土壤或栽培基质湿度。湿度过高或过低都会导致作物叶片气孔响应环境变化异常，造成生理胁迫和病害的发生。在蔬菜工厂条件下，植物的蒸腾作用、栽培基质和营养液的水分蒸发等，极易导致室内空气湿度过大，造成作物生长发育抑制，产量和品质下降。研究发现，空气湿度高于80%时，番茄与黄瓜均易发生真菌性病害，如灰霉病；空气湿度过低时，番茄与黄瓜则易发生白粉病和病毒病。人工光蔬菜工厂内的空气湿度是影响作物蒸腾作用和光合作用的重要环境因子。空气相对湿度过低极易诱发叶片蒸腾作用与根系供水失衡，气孔导度减小，气孔关闭，导致叶片CO_2气体交换受阻，光合产物降低；当空气相对湿度过高时，叶片与外界环境间的饱和水汽压（VPD）较小，叶片的蒸腾作用受阻，根系对水分和矿质营养的蒸腾拉力不足，进而影响植物光合性能与矿质营养的吸收，造成产量和品质降低。对于绝大多数的蔬菜作物而言，最适宜的空气相对湿度一般为60%～80%。不同的蔬菜作物以及同一作物的不同生育期对空气相对湿度的要求不尽相同，应根据蔬菜作物的品种特性、生长期进行合理的空气湿度调节。因此，完备的湿度调控系统与合理的湿度调控策略是保证自然光蔬菜工厂产量和品质的关键。

3．CO_2

CO_2是植物进行光合作用所必需的碳源（图3-4），空气中CO_2浓度是作物产量积累和品质形成的重要影响因素。在光照充足的情况下，作物的光合能力随环境中CO_2浓度增加而升高，但是当浓度超过一定范围后会引起作物气孔关闭，光合速率下降，甚至光合作用停止。一般而言，在光照充足的条件下，植物光合碳固定过程消耗的CO_2与呼吸作用释放的CO_2平衡时的CO_2浓度为植物的

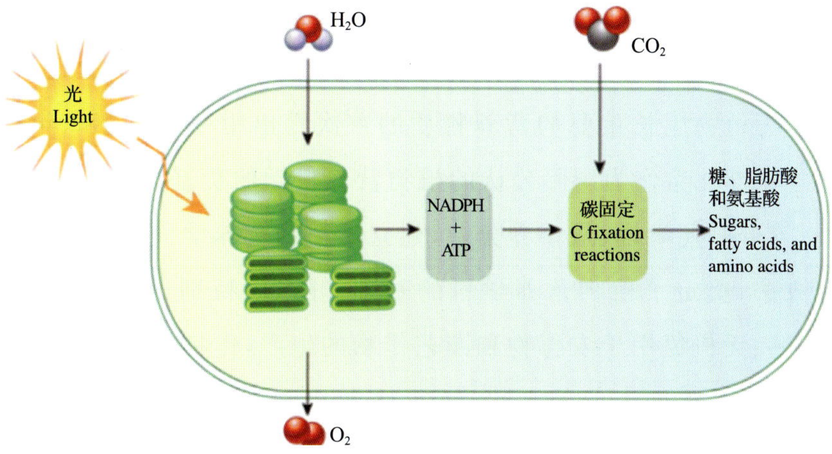

图3-4　植物光合作用模型（Nelson and Ben-Shem，2004）

CO_2补偿点。蔬菜一般为C_3作物，其CO_2补偿点略高于C_4作物（玉米、甘蔗、高粱等），通常为30～100 μmol/mol。当外界CO_2浓度升高到一定水平后，光合作用不再随CO_2浓度增加而升高的CO_2浓度为植物的CO_2饱和点。对于大多数蔬菜作物，其CO_2适宜的浓度一般为800～1 800 μmol/mol。在CO_2补偿点和饱和点之间，光合作用随CO_2浓度的增加而升高。然而，自然界空气中的CO_2浓度为380～400 μmol/mol，远低于光合作用需求。在蔬菜工厂较为密闭的环境条件下，室内CO_2难以满足作物光合作用需求，CO_2施肥成为蔬菜工厂环境调控的重要组成部分。

CO_2施肥时间的长短应因植物的品种差异而不同。大量的研究证实，长时间进行高浓度CO_2施肥会使光合产物在植物叶片中大量积累，导致叶绿素浓度和光合反应酶活性降低。因此，在叶类蔬菜工厂中，适时适当地进行CO_2施肥是蔬菜工厂化生产节本增效的重要手段。

3.3 蔬菜养分需求规律

肥料科学技术距今已经发展已有近3 000年的历史。西周时期，古人已经发现植物灰分或腐烂的植物有益于植物的生长。西汉时期的著名农学家氾胜之在其汇编的重要农学著作《氾胜之书》之中总结了秦汉时期长江中游地区广泛使用的施肥技术，包含绿肥、基肥、种肥、追肥等施肥原则。随后，北魏贾思勰的《齐民要术》描述了黄河中下游农牧生产技术，包含轮作、施绿肥等农事技术。矿质元素作为植物生长重要的营养物质的首次提出距今已有180年历史。德国著名化学家李比希作为国际公认的植物营养科学的奠基人，系统总结了矿质营养学说、养分归还学说、最小养分律，建立了植物营养学科的基本理论构架和基本研究方法，奠定了植物营养学科的基础。随后，特别是在欧洲，大量的钾肥、过磷酸钙、无机氮用于农作物和园艺作物的生产，作物的生长状况和产量显著改善，也促进了化肥工业的兴起。100多年以来，植物营养学从零散的经验和现象描述到揭示机制，最后建立完整的学科体系。以植物营养学理论为指导，养分的平衡供应是作物高产和产品优质的重要基础。

3.3.1 植物矿质营养学说

植物体内所含有的化学元素并非都是植物生长发育所必需的营养元素。确定某一元素是否必需，应该采取水培和沙培实验，在缺素的条件下进行营养液栽培，并研究其对植物生长发育的影响，并确定该元素在植物代谢中的作用。1939年，阿隆和斯托德提出了必需营养元素（或必需矿物元素）的三大标准：一是该元素对所有高等植物的生长发育必不可少，缺乏此元素，植物无法完成其生命周期；二是该元素的功能没有其他元素可以替代，缺乏此种元素，植物会表现出特有的症状，只有补充该元素后症状才会减轻或消失；三是该元素直接参与植物的新陈代谢。符合以上标准的化学元素称为植物必需营养元素，其他则是非必需元素。到目前为止，国内外公认的高等植物必需营养元素有16种，它们是碳（C）、氢（H）、氧（O）、氮（N）、磷（P）、钾（K）、钙（Ca）、镁（Mg）、硫（S）、铁（Fe）、氯（Cl）、硼（B）、锰（Mn）、铜（Cu）、锌（Zn）、钼（Mo），根据植物体内含量的差异，将上述16种植物必需营养元素分为大量营养元素、微量营养元素。其中，大量元素包括碳、氢、氧、氮、磷、钾、钙、镁、硫；微量元素主要包括铁、氯、硼、锰、铜、锌、钼。

这16种植物必需营养元素主要有四类重要生理功能：一是植物有机体的主要组分，包括碳、氢、氧、氮、硫；二是以无机阴离子或酸分子的形态被植物吸收与羟基化合物酯化，包括磷、硼、硅；三是作为渗透物质或参与酶活化，包括钾、钙、镁、锰、氯；四是以螯合态存在于植物体内，参与传递电子，包括铁、锰、铜、锌、钼。上述16种必需营养元素在植物体内的含量受到植物种类、环境因子、生育阶段、丰缺程度等因素影响。在必需营养元素中，碳和氧主要来自空气，氢和氧可以来自水，而其他必需营养元素主要来自土壤（或栽培基质）。同时，需要指出的是，植物必需营养元素在植物体内的数量不论多少都是同等重要的。植物的每一种必需营养元素都有特殊的功能，不能被其他元素所代替。因此，在农业实践中，需要所有必需营养元素平衡且全面供给。在16种必需营养元素中，碳、氢、氧以 CO_2 和 H_2O 的形式参与有机物的合成，构成多种碳水化合物，如木质素、纤维素等（细胞壁的重要组分），葡萄糖、果糖等（为生命体提供能量，也是合成蛋白质和核酸的原料）。

3.3.2 大量元素

氮、磷、钾是肥料“三要素”。氮(N)是所有必需营养元素中限制植物生长发育和品质形成的首要因素。一般植物含氮量为其干重的0.3%～5%，其含量在作物种类、生育期、器官间存在多样性。氮是体内重要有机物，如蛋白质、核酸、叶绿素、酶、维生素(B族维生素)、生物碱(烟碱、茶碱、胆碱)、植物激素(细胞分裂素、赤霉素)等的重要组分。磷(P)既是植物体内许多重要有机化合物的重要组分，又以多种方式参与植物体内的各种代谢过程，磷对作物高产及保持品种的优良特性具有重要作用。磷占作物干物重的比例为0.2%～1.1%，植物体内大部分磷为有机态。磷是构成磷酸的重要元素，磷酸是大分子物质结构的桥键物，同时也是核酸、核蛋白、磷脂、三磷酸腺苷等重要化合物的组分，参与生命活动。此外，磷也参与碳水化合物代谢、氮素代谢和脂肪代谢，具有提高作物抗逆性和适应外界环境条件的能力。钾(K)在植物体内主要以离子形式存在，具有很强的移动性，主要积累在细胞质溶质和液泡中，占干物重的0.3%～5%。钾能提高植物二氧化碳的同化作用，促进光合作用产物的运输，有利于蛋白质的合成，具有渗透调节作用，增强作物抗逆性，同时还具有提升作物品质，延长产品储藏期等作用。

钙(Ca)主要存在于植物细胞的细胞壁中，具有稳固细胞壁的作用；钙也是细胞膜的重要组分，可以稳定细胞膜，防止细胞液外渗。钙还可以保持细胞的完整性，参与渗透调节，促进细胞伸长和根系生长，Ca^{2+}和钙调蛋白参与第二信使传递。镁(Mg)是叶绿素的组成成分，在叶绿素合成和光合作用中起重要作用。镁作为核糖体亚单位连接的桥接元素，保证核糖体结构的稳定，参与蛋白质合成；镁是酶的活化剂或作为构成元素参与植物体中一系列的酶促反应。硫(S)参与含硫氨基酸合成与代谢，作为谷胱甘肽的构成元素，参与植物体内的氧化-还原反应，影响叶绿素合成与降解，并参与特殊的风味物质代谢。

3.3.3 微量元素

铁(Fe)是叶绿素合成必需的元素，铁参与植物体内的氧化还原反应，促进细胞的呼吸作用。硼(B)对植物体具有某些特定的营养作用,参与碳水化合物的运输和代谢,促进生殖器官的发育,调节体内氧化系统,提高根瘤菌的固氮能力,促进细胞伸长和分裂。锰(Mn)参与水的光解和电子传递作用,直接参与植物光合作用,是许多酶的活化剂,能促进种子萌发和幼苗生长。锌(Zn)是部分酶的组分或活化剂,参与植物激素的合成,促进光合作用,参与蛋白质合成,影响植物生殖器官的建成与发育。铜(Cu)主要参与植物体内的氧化还原反应,构成铜蛋白并参与光合作用,参与氮素代谢和生物固氮。钼(Mo)主要参与氮素代谢,影响光合作用强度和维生素C的合成,参与植物生殖器官的建成。氯(Cl)对叶片气孔的张开和关闭具有调节作用,参与光合作用,并能有效抑制病害的发生。此外,在这16种必需营养元素之外,还存在一些营养元素,是某些特定植物所必需,如硅(Si)是水稻生长所必需,钠(Na)是甜菜生长所必需;还有一些营养元素,对某些植物生长发育有益,如钴(Co)对豆科作物有益,硒(Se)对紫云英有益、铝(Al)对茶树有益,这一类元素被称为有益元素。

3.3.4 生物刺激素

近年来,肥料市场也涌现出一批有益于植物吸收营养、抵抗非生物胁迫及提高作物品质等的功能性成分或微生物,这一类物质统称为生物刺激素,主要包括腐殖酸、海藻提取物、蛋白水解物与氨基酸、几丁质、壳聚糖及其衍生物和微生物菌剂。通过研究主要作物在不同生育期的需肥规律,为肥料的科学施用与管理提供理论依据,对于提升肥料利用率、减少化肥过量投入、推进我国农业绿色高质量发展具有重要意义。

3.3.5 养分归还学说与最小养分律理论

养分归还学说与最小养分律理论由李比希最早提出。

1.养分归还学说

植物以不同的方式从土壤或栽培基质、营养液中吸取矿质养分,使土壤或栽培基质、营养液中的养分逐渐减少,连续种植会使土壤或栽培基质、营养液难以维持作物生长。为了维持养分平衡,就必须把从土壤或栽培基质、营养液中带走的矿质养分和氮素以施肥的方式及时补充。

2.最小养分律理论

作物的产量受土壤或栽培基质、营养液中相对含量小的养分所控制,作物产量的高低则随最小养分补充量的多少而变化。最小养分律理论还指出了作物的产量与养分供应上的矛盾,表明施肥应有针对性。

营养液栽培是当前人工光蔬菜工厂选用的最主要栽培方式,基于养分归还学说与最小养分律理论,结合植物矿质营养的吸收规律,合理调配营养液配方及采取营养液调控策略是提升蔬菜工厂水肥利用效率、提升产量和品质的有效手段。

第 4 章

蔬菜工厂化生产环境调控系统与装备

4.1 营养液循环与控制系统

营养液为蔬菜工厂化生产提供生长发育所必需的基本养分元素，是在蔬菜工厂中决定蔬菜产量和品质的最重要的要素之一。虽然目前有许多经实践证明的营养液配方可以保证不同种类作物的正常生长，但营养液的组成和使用间存在着复杂的相互关系，在实际操作中，应根据营养液组成原则、配制原则等，灵活地对营养液配方和浓度进行调整。

4.1.1 营养液配制

营养液配方的组成主要基于以下因素：①栽培方式；②营养液供给的频率和速率；③植物对营养元素的需求。针对蔬菜工厂，一般采用深液流栽培技术，蔬菜根系始终浸于营养液中，因此不必像潮汐灌溉等技术，需要考虑营养液供给的频率和速率，而主要关注蔬菜对营养元素的需求。表 4-1 列出了几种常见蔬菜对主要营养元素的推荐用量，以供参考。

表 4-1　几种常见蔬菜对主要营养元素的推荐用量　mg/L

种类	氮	磷	钾	钙	镁
黄瓜	230	40	315	175	42
茄子	175	30	235	150	28

续表 4-1

种类	氮	磷	钾	钙	镁
生菜	200	50	300	200	65
辣椒	175	39	235	150	28
番茄	200	50	360	185	45

营养液配制的原则是在配制和使用的过程中不产生难溶性沉淀物质，保证矿质元素被植物吸收利用。营养液配方中包含钙、镁、铁等阳离子以及硫酸根、磷酸根等阴离子，当这些离子在营养液中的浓度超过一定值时，便会产生沉淀。此外，温度和 pH 的改变也会在某些情况下造成营养液养分沉淀的生成。因此，在营养液配制过程中，要充分了解各种化合物的性质以及可能会发生的化学反应。应采用正确的配制方法，如将化合物分类配制成母液再稀释，以确保配制和使用的过程中不产生沉淀。

在实际生产中，采用较多的营养液配制技术为母液稀释法，即将营养液组分分为 2 个或 3 个类群进行母液配制，使用时再按一定倍数进行稀释。水肥一体化、营养液智能化调配等技术便是基于该方法。然而在大规模生产中，需要的营养液总量很大，如果采用母液稀释法，则需要配制大量的母液，从而为实际操作带来不便，此时便可采用直接配制法，即根据营养液的量，称取对应的各类化合物，先溶解后再倒入营养液槽中，化合物的分类同样应遵循不产生沉淀的原则。

1. 水质要求

自然水体中含有各种无机物质和有机物质，其会影响营养液离子稳定性、安全性、pH 等。因此，营养液的配制首先应当考虑水质。在配制营养液前，应对所用水源进行充分分析。首先，应测试水源中的矿质元素含量，在配制营养液时应将其计算在内。其次，应测试水源中是否含有有机化学物质，如杀虫剂和除草剂。

2. 元素含量

蔬菜工厂中蔬菜生长所必需的营养元素，除了碳、氢、氧来自空气和水，其余元素均需营养液提供，包括氮、钾、钙、镁、铜、锌、铁、锰、磷、硫、硼、钼、氯。表

4-2 列出了营养液中营养元素的最佳范围，以供参考。

表 4-2　营养液中营养元素的最佳范围　　mg/L

元素	最佳范围
硝态氮	80～150
铵态氮	10～30
钾	100～150
钙	150～200
镁	50～80
铜	0.01～0.10
锌	0.1～0.5
铁	2～5
锰	0.5～2.0
磷	15～30
硫	50～100
硼	0.1～0.6
钼	0.05～0.15

3. 常用配方

经过植物营养学家不断地研发与实践，一些经典营养液配方在无土栽培领域已经广泛应用，如霍格兰（Hoagland）营养液配方、日本园试配方、山崎系列配方等（表 4-3）。一些新的配方，也在经典的营养液配方基础上，根据栽培环境和作物的适应性进行创新研发，在生产上大面积推广。

4.1.2　营养液调控

营养液在使用的过程中，物理和化学性质会发生相应的改变，主要反应在营养液温度、酸碱度（pH）、可溶性盐浓度（EC）、溶氧（DO）等方面。因此，营养液的调控对保证蔬菜的产量和品质至关重要。

1. 营养液温度

植物地上部分和地下部分都有相似的最适生长温度范围，营养液温度过高过低，都会影响根系酶活性，导致不能吸收足够的水分和营养元素供给地上部

表 4-3 常用营养液配方

mg/L

配方名称	提供中大量元素的化合物							提供微量元素的化合物						总盐含量
	四水硝酸钙	硝酸钾	硝酸铵	磷酸二氢钾	磷酸氢二铵	硫酸钾	七水硫酸镁	三水乙二胺四乙酸二钠铁	硼酸	四水硫酸锰	七水硫酸锌	五水硫酸铜	四水钼酸铵	
Hoagland 和 Aron (1938)	945	607	—	—	115	—	493	30	2.86	2.13	0.22	0.08	0.02	2 195.31
Arnon 和 Hoagland (1952)	708	1 011	—	—	230	—	493	30	2.86	2.13	0.22	0.08	0.02	2 477.31
荷兰花卉研究所，岩棉培滴灌配方	660	378	64	204	—	—	148	30	2.86	2.13	0.22	0.08	0.02	1 489.31
日本园试配方(堀,1966)	945	809	—	—	153	—	493	30	2.86	2.13	0.22	0.08	0.02	2 435.31
山崎甜瓜配方(1978)	826	607	—	—	153	—	370	30	2.86	2.13	0.22	0.08	0.02	1 991.31
山崎黄瓜配方(1978)	826	607	—	—	115	—	487	30	2.86	2.13	0.22	0.08	0.02	2 070.31
华南农业大学番茄配方(1990)	590	404	—	136	246	—	—	30	2.86	2.13	0.22	0.08	0.02	1 411.31
华南农业大学叶菜 B 配方(1990)	472	202	80	100	—	174	246	30	2.86	2.13	0.22	0.08	0.02	1 309.31
山东农业大学西瓜配方(1978)	1 000	300	—	250	—	120	250	30	2.86	2.13	0.22	0.08	0.02	1 955.31
山东农业大学番茄、辣椒配方(1978)	910	238	—	185	—	—	500	30	2.86	2.13	0.22	0.08	0.02	1 868.31

资料来源：刘士哲,《现代实用无土栽培技术》。

生长，导致生长减缓、果实结实率不高、枯萎等问题。水培条件下，营养液的温度应遵循不低于种植环境中空气温度的原则。如果温度过高还会导致营养液溶氧含量降低，有害微生物繁殖加快，造成植株根系腐烂。因此，营养液温度一般控制在15～25 ℃。

2. pH

蔬菜的生长伴随着对盐离子的吸收，不同蔬菜对离子的偏好性不同，同时蔬菜自身也会释放一些酸碱性物质，从而引起营养液pH的变化。此外，营养液会从空气中吸附二氧化碳，营养液中水生生物的呼吸和光合作用也会引起二氧化碳的释放和吸收，从而影响营养液pH。大多数植物能在较宽酸性范围的pH内正常生长，而当营养液pH超过7.0时则需要对其进行调整。大多数水培营养液的pH建议范围为5.8～6.5。

3. EC

蔬菜对水分和盐离子的吸收以及水分的自然蒸发均会对营养液EC造成影响。对于大多数蔬菜，建议营养液EC应小于3.0 dS/m。在营养液调控中，一种常见的方法是根据EC的测量值来补充适当的营养液，实践证明这种方法在一定程度上是有效的，在条件不允许的情况下可以考虑采用；但需要注意的是最好不要添加微量元素和磷，以防其过量对蔬菜生长造成影响。在有条件的蔬菜工厂应对营养液定时或实时进行成分分析，以确保为蔬菜提供最优的矿质营养。

4. DO

营养液中的溶氧量对蔬菜根系活性和功能至关重要，主要表现在影响水分和盐离子的吸收。营养液的溶氧量应在4.0～5.0 mg/L及以上。常用的增氧方法有营养液循环流动、搅拌、使用增氧器等。温度也会影响水对氧气的溶解度，可采用夏季降低营养液温度的方法进行增氧。在生产上，建议采用多种增氧方法结合的办法，使增氧效果更加明显。

5. 实时反馈调节

营养液在封闭的循环系统中持续使用一段时间后，其物理和化学性质都将发生改变。此外,随着蔬菜的生长,以及对某些特定元素的大量吸收,也会造成营养液成分中某些元素含量迅速下降。例如,蔬菜在营养生长阶段需要大量氮元素,而生殖生长阶段则应减少氮元素供应。在设施农业高质量发展的时代背景下,营养液的实时反馈调节是实现智慧农业的重要一环。目前针对营养液的实时反馈条件有三种思路:一是基于测土配方施肥的原理,通过化学方法测定蔬菜组织中不同营养元素的含量,计算养分投入携出量,同时检测对应营养元素在营养液中的消耗量,并进行营养液组分的精良补充。该方法需要通过定期进行植物采样结合化学测定才可实现,对相关从业者的要求很高,且成本投入过高,很难实现大范围推广。二是通过传感器实时检测营养液物理和化学性质的改变,从而控制机器调节营养液状态。该方法易于实现,但个别营养元素的传感器目前尚无,还不能对营养液成分进行全面检测。三是通过传感器实时检测蔬菜组织器官,从而直接反映蔬菜体内的营养状况,再反馈给控制机器进行调节。该方法能更实时地反映蔬菜对营养元素的需求,然而对设备的要求更高。在理想情况下,若能将三种方法结合,将能更加准确地为蔬菜提供适宜的营养液条件(图 4-1)。

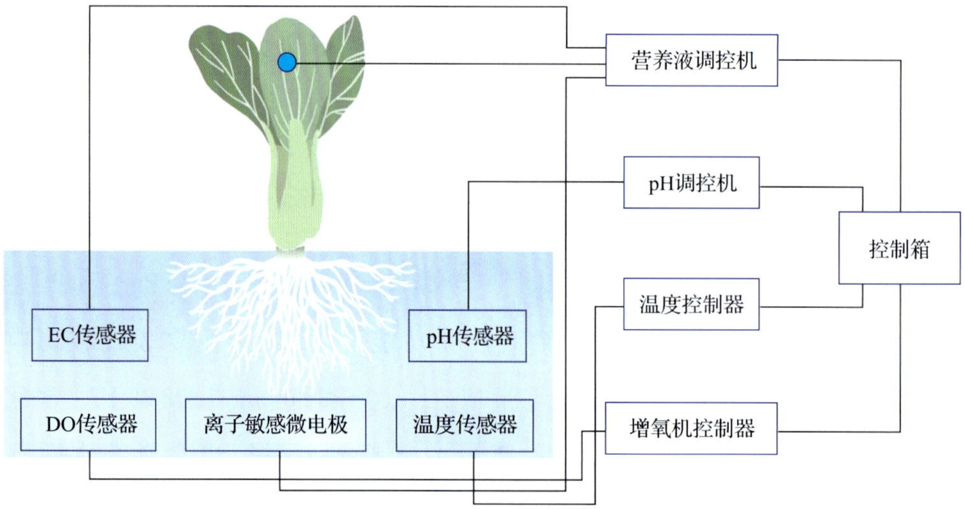

图 4-1 蔬菜工厂营养液的实时反馈调节示意图

4.1.3 营养液循环与处理

随着环境污染的日渐严重和人们对于高品质、安全洁净蔬菜的需求日益增加，无土栽培技术得到了快速的发展，目前在荷兰、日本等温室产业发达的国家，无土栽培已经逐渐取代土壤栽培成为温室生产的主流模式。无土栽培是指利用水或固体基质来取代自然界中的土壤作为植物生长的载体，通过供给营养液的形式为植物生长提供所需的全部养分和水分。这种栽培方式可以避免植物根系同土壤的接触，防止土传病害的发生，避免土壤栽培的连作障碍。营养液循环是蔬菜无土栽培的最重要也是最关键的一个环节。

1. 养分循环必要性

作为设施农业无土栽培技术的一种重要的方法，开放式的营养液栽培系统采取的是粗放型的养分调控方式，依赖的是生产者利用以前的经验进行判断。传统的粗放型调控方式中对于营养液的使用是一次性的，使用一段时间之后就直接将营养液经过简单的处理就排放到环境中，这样不仅引起了营养液中多种养分的浪费，同时也造成了水资源的大量消耗；而废弃的营养液仅仅经过简单的处理就排放这同样也会造成土壤和河流水质的富营养化，这完全违背了可持续性农业生产发展的高效能、低投入和环境保护的要求。基于开放式营养液栽培系统所存在的一些问题，需要对营养液中各种离子元素和植物生产中各项参数进行不定时的检测，达到实时对营养液状况进行监控，研发设计闭环控制的营养液栽培系统已经是现阶段不可阻挡的趋势。

封闭式栽培是指使用封闭式有机或无机基质代替土壤，利用水肥一体化营养液供给作物生长所需营养。封闭式栽培可以有效实现作物根区和外界环境的隔离，避免土传病害的发生；封闭式栽培使用水肥一体化营养液灌溉方式取代传统土栽模式“肥大水勤”的粗放水肥施用方式，不仅可以提高水肥利用率，还可以避免传统水肥施用模式造成的土壤盐渍化和地下水污染，防止连作障碍的产生。因此，将封闭式栽培技术引入日光温室，改变日光温室产业的发展方式，实现节水、节肥、安全、环保的温室生产，对于满足市场需求、社会需要具有积极意义。

2. 养分循环系统的设计和实现

营养液循环系统(图 4-2)工作过程主要包括营养液调控系统将营养液浓缩液通过一定比例稀释,达到满足植物生长的 EC 和 pH,进入营养液池中进行存储。营养液池中的营养液通过管道输送到植物生长区域。作物生长一段时间之后,营养液经过消毒装置处理回到营养液池中,营养液调控系统根据营养液的 EC 和 pH 对营养液池中的营养液进行校准,继续满足植物生长的需求。

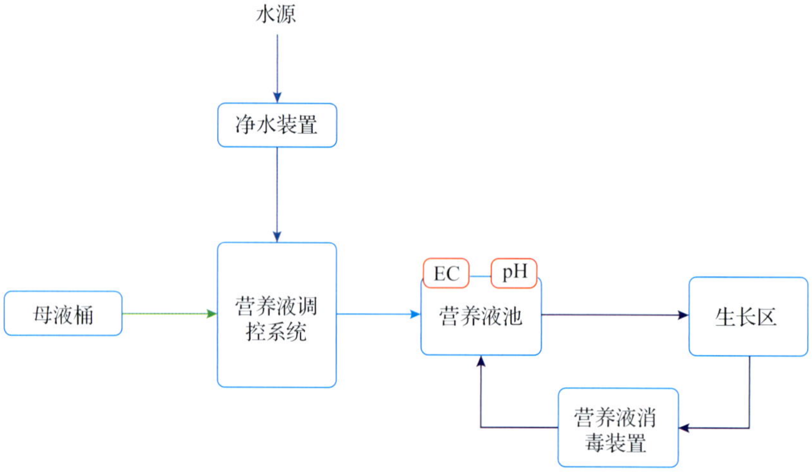

图 4-2　蔬菜工厂营养液循环系统示意图

营养液的循环利用主要通过灌溉系统来实现。营养液灌溉系统是蔬菜工厂化生产最为关键的技术之一。在该系统中,根据作物生长发育需求将水分灌溉与施肥相结合,并按照一定的水肥比例,通过灌溉管道将水肥输送到作物根系周围。荷兰、以色列等蔬菜工厂化生产发达国家对营养液灌溉系统的研究起步较早,已实现水肥一体化管理的精准化、模块化、智能化、网络化和系统化,从最早的简单滴灌管到现在复杂的可移动式微灌系统,从定时器控制到智能化反馈控制,大大减轻了灌溉施肥的劳动强度和工作效率。

营养液的智能化管理模式主要分为三种:基于离子传感器控制的营养液管理、基于养分添加的营养液管理和基于生物信息反馈的营养液管理。我国现在大多数的营养液灌溉系统都采用基于离子传感器控制的营养液管理,通过测定营养液的 EC 和 pH 表征营养液的状态,进行智能决策与控制。离子传感器是一种连接了电位计或电流计后,可以对溶液中某些特定离子活度给出点位/电流指示的尖端直径为微米级的电极，可以插入细胞或者维管组织进行测量。离子传感器提供了快速、灵敏地获得活体营养信息和微小区域不同离子微量信息的途径。目前在营养液灌溉系统中使用最广泛的是pH传感器，即氢离子传感器，可以通过对营养液中的氢离子进行检测并转换成相应的可用输出信号。

EC用来评价液体肥料或种植介质中的可溶性离子浓度，高浓度的可溶性盐类会使植物受到损伤或造成植株根系死亡。EC计采用坚固特制的金属材料作传感器，来实现对土壤、水培基质养分和营养液的EC进行方便和快速的测量。营养液浓度直接影响作物的产量和品质，EC与营养液成分浓度之间几乎呈线性关系，即营养液成分浓度越高，EC就随之增高，因此用测定营养液的电导率EC来表示其总盐分浓度的高低是相对可靠的。虽然说EC只反映总盐分的浓度而并不能反映混合盐分中各类盐类的单独浓度，但这已经满足营养液栽培中配制营养液的需要了。

作物在不同生育时期和不同环境对营养元素的需求不同，单纯依靠营养液的EC和pH控制营养液，不能真实反映营养液组分的变化，易造成营养液的不平衡供给，亟待突破离子传感器及其离子养分的调控技术。

3.营养液杀菌消毒技术

营养液循环系统中营养液的消毒是保证作物健康生长很关键的一个环节。目前生产中使用比较广泛的是臭氧消毒和紫外线杀菌。臭氧是一种非常强的氧化剂，几乎可以与所有活体组织发生氧化反应。如果有足够的曝光时间和浓度，臭氧可以杀死水中所有的有机体。因此国内外在利用臭氧对营养液消毒方面进行了许多研究，但臭氧消毒也存在速度慢、效果不稳定等缺点。紫外线杀菌是通过紫外线对微生物进行照射，以破坏其机体内蛋白质和DNA的结构，使其立即死亡或丧失繁殖能力。紫外线消毒的使用剂量因灭杀对象的不同而不同。由于紫外线穿透能力差，紫外线消毒的效果受营养液的透射率的影响，隐藏在悬浮颗粒背后的病菌往往难以被杀死。

4.营养液循环软件控制系统

营养液循环控制系统是一个精密的自动化管理单元，它通过高性能微控制器来实现对整个系统营养液要素的精确控制。这个系统的核心集成了多种根际营养与环境因子传感器，实时监测营养液的电导率、pH、温度、液位和流速等关键参数。这些数据经处理分析后被用来启停执行器，包括电磁吸肥器、蠕动泵、加热器、制冷器和水泵等，以自动调节营养液的电导率、pH、温度、营养液流速和液位等，确保为植物提供最佳的生长环境。用户可通过智能终端访问远程监控平台，实时查看系统数据，并进行远程监测、控制和调整。当监测到的环境参数超出预设的安全范围时，系统会触发报警和通知系统，及时通知管理员采取措施，确保系统的稳定运行和植物的健康生长。

4.1.4 营养液栽培方式

营养液栽培是指利用营养液栽培植物的方法。这种技术不依赖于土壤，通常根据植物根系生长环境中有无固体基质分为无基质栽培和固体基质栽培两大类（图 4-3）。

- 营养液栽培
  - 无基质栽培
    - 水培
      - 营养液膜水培技术（NFT）
      - 深液流水培技术（DFT）
      - 浮板毛管水培技术（FCH）
    - 雾培
      - 喷雾培
      - 半喷雾培
  - 固体基质栽培
    - 无机基质栽培
      - 砾培
      - 沙培
      - 陶粒培
      - 珍珠岩培
      - 炉灰培
      - 渣土培
    - 有机基质栽培
      - 草炭培
      - 锯木屑培
      - 椰糠培
      - 树皮培
      - 蔗渣培
      - 椰子壳纤维培
      - 稻壳、棉籽皮培
    - 复合基质栽培

图 4-3　营养液栽培的分类

无基质栽培类型指植物根系直接生长在营养液或由营养液形成的雾气中的栽培方法，按照根系与营养液接触的状态不同，无基质栽培又可分为水培和雾培两种（图 4-3）。其中水培包括营养液膜水培技术（NFT）、深液流水培技术（DFT）和浮板毛管水培技术（FCH）；而雾培则包括喷雾培和半喷雾培两种。同时，固体基质栽培根据基质物的不同也可以分为三类：无机基质栽培、有机基质栽培和复合基质栽培。①无机基质包括砾石、砂石、沙土、陶粒、珍珠岩、蛭石、炉灰以及渣土等，一般无机基质具有透水性好、透气性好的特点，但保水性和保肥性比较差，并且无机基质所含营养物质较低，即使含有营养物质也很难被植株吸收；②有机基质包括泥炭、塑料泡沫、锯木屑、椰糠以及树皮等，通常含有大量植物生长所需营养物质和促进植物生长的微生物菌群及活性物质，但由于生产条件和原料本身的不同，通常基质间理化性差异较大，容易变质，稳定性较差；③复合基质是由有机基质和无机基质按照一定比例混合而成的。

1. 水培

水培是指植物部分根系浸润生长在营养液中，而另一部分根系裸露在潮湿空气中的一类栽培方法（图 4-4）。因此水培设施具备四大特性：①种植槽盛装营养液不渗漏；②水培设施能固定植株并保证植株根系浸润到营养液；③营养液和根系处于黑暗当中；④根系能够获得足够的氧。人们按照这些要求创造出了很多种形式的水培设施，应用比较广泛的主要有两大类型：深液流技术（Deep Flow Technique，DFT）和营养液膜技术（Nutrient Film Technique，NFT）。

图 4-4　不同类型的营养液栽培

1)深液流技术

深液流技术是指根系生长在较为深厚并且处于流动状态的营养液层的一种水培技术(图 4-5)。深液流技术具有所用营养液的液层以及盛载营养液的种植槽都较深、利用定植板固定植株于液面上面的特点。植株根系可以延展到较深的液层中,因此每株占有的营养液的液量较多,营养液的浓度(盐分、养分和氧气含量等)、pH 和温度等都不易发生急剧变化,根系环境相对稳定。植株悬挂在营养液水平面上,植物的根颈离开液面可以防止根颈被淹没而腐烂的危险,同时植株根系均匀地悬浮于营养液中,根系悬出的部分和伸展到营养液的部分都能吸收到氧气,有利于根系发育。由于整个营养液处于流动状态,不仅可以增加营养液中的溶氧含量,而且可以带走根系有害代谢物,使整个营养液环境保持高度的均一性。

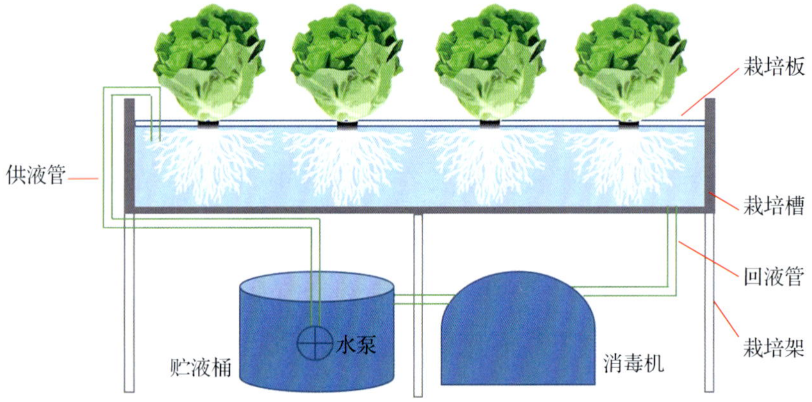

图 4-5　深液流技术原理图

深液流水培设施由种植槽、定植网或定植板、贮液池、循环系统等部分组成。目前的深液流装置主要分为两大类型:第一类是以塑料为材料制造成的装置;第二类是以水泥为材料制造成的装置。它是最早开发成可以进行农作物商品生产的无土栽培技术,能进行番茄、黄瓜、辣椒、节瓜、丝瓜、甜瓜、西瓜等果菜类作物以及菜心、小白菜、生菜、通菜、细香葱等叶菜类作物的生产。深液流技术的优缺点主要表现为以下几点:

(1)优点　包括以下 6 点。

①营养液的深层较深,根系伸展在较深的液层中,每株占有的液量较多,

因此，营养液浓度、溶氧、pH、温度以及水分含量都不易发生急剧变动，为根系提供了一个较稳定的生长环境。

②种植槽中热容量较高，作物根系环境的温度变化不大，可以相对较容易地进行加温和冷却。

③营养液循环流动。以增加营养液的溶氧以及消除根表有害的代谢物的局部累积，消除根表与根外营养液和养分浓度差，使养分能及时送到根表、更充分地满足植株的需要。

④可以在营养液循环的过程中，对营养液浓度、养分和 pH 等进行综合调控，保持营养液的稳定性。

⑤营养液仅在内部进行循环，不会流到系统外，因此不会或很少对周围水体和土壤造成影响。

⑥适生的作物种类较多，除了块茎、块根作物外，生长期长的果菜类和生长期短的叶菜类皆可种植。

(2)缺点　包括以下 3 点。

①由于需要的营养液量大，贮液池的容积也要加大，投资较大，成本也相应增加。

②营养液处于循环状态，水泵运行时间长，动力消耗大。

③营养液循环在一个相对封闭的环境中，一旦发生病原菌就可能造成迅速传染甚至蔓延到整个种植系统。

2)营养液膜技术

营养液膜技术是一种将植物种植在浅层流动的营养液层中的水培方法(图 4-6)。因为这一层流动的营养液很浅(约 0.5 cm)，像一层水膜，故称之为营养液膜技术。营养液膜装置主要由种植槽、贮液池和营养液循环装置三部分组成。营养液膜栽培技术是在一定坡降(1∶75 左右)的倾斜种植槽中栽培，营养液仅以数毫米深的薄层流经作物根系，作物根系一部分浸在浅层流动的营养液中，而绝大部分裸露在潮湿的空气里，这样营养液流过的时候可以很好地解决根系的供氧问题，又能使根系获得足够的水分和养分。同时，营养液膜设施中使用的种植槽主要由塑料薄膜或其他轻质材料制成，使设施和结构更为简单便捷，大大降低设施的成本，使其更易在生产中推广和应用。

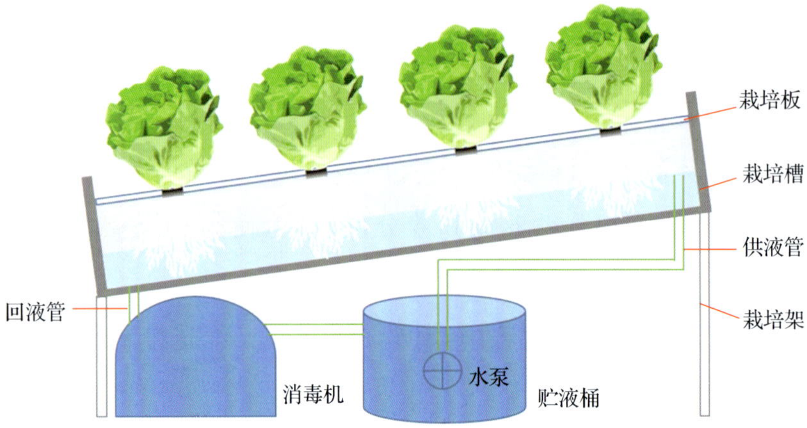

图 4-6　营养液膜技术原理图

营养液膜技术的优缺点主要表现在以下几点：

(1)优点　包括以下 4 点。

①设施建设的投资较少，构造简单，制作容易。

②因为塑料膜系一次性使用，所以不需要进行栽培槽的多次消毒，生产操作较容易。

③发达的网状根系，上部直接暴露于空气中，供氧充足。

④种植槽很轻，易于高架，可以减少生产过程中的劳动程度。

(2)缺点　包括以下 4 点。

①种植槽中的营养液层较浅薄，种植槽中盛放 5～10 mm 的营养液，种植系统的营养液总量较少，因此营养液的浓度和组成易产生急剧变化。

②根系环境的缓冲性能差，根际周围的温度受外界影响很大。

③系统密闭性强，根系密度大，一旦发生根系病害，很容易传染甚至蔓延至整个栽培系统。

④需要不断循环供液，能源消耗较大，若出现断电较长时间或水泵故障，而不能及时循环就很容易出问题。在高温条件下和作物生长盛期，植株叶片蒸腾量大，消耗的营养液大，供应不及时易造成植物萎蔫。

2. 固体基质栽培

固体基质栽培不同于水培和雾培等方法，是农业上应用最广泛的栽培方式(图4-7),能够很大程度上缓解土壤栽培中的水分、养分、空气等供养之间的矛盾,从而得到高品质的农产品,固体基质栽培大部分用于蔬菜生产,少部分用于种植花卉。

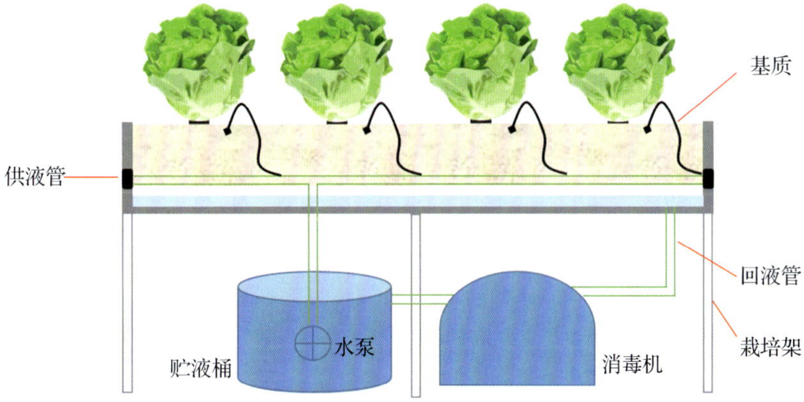

图4-7　固体基质栽培原理图

如前所述,固体基质类型主要分为无机基质、有机基质和复合基质。无机基质栽培是最早期的栽培方式,最开始是选用天然的材料,像砂砾、石英和沙等,之后逐渐发展了珍珠岩、蛭石、岩棉等人工合成的材料。无机基质化学性质稳定,盐基交换量较小,不容易产生影响营养液平衡的物质,来源易得。而有机基质一般为有机废弃物经过堆置发酵充分腐熟而形成,具有来源广泛、价格低廉、稳定性强和营养全面等优点。有机基质主要包括泥炭、塑料泡沫、锯木屑、椰糠和树皮等,不仅可以降低生产成本,实现废弃物资源化再利用,而且还可以减轻生态系统消化压力,具有较高的社会效益、经济效益和生态效益。表4-4列举了无机基质和有机基质的理化性质和优缺点。

下面简要介绍几种常见的基质栽培技术。

(1)砾培　是指以石砾为植物生长基质的营养液栽培技术。它的营养液供给方式是向种植槽中的石砾层中灌溉,多采用滴灌的方式。营养液系统为封闭的循环系统,可以使营养液被循环利用。砾培装置有一组密闭的种植槽,槽里填满直径很小的砾石,直径为1.6～20.0 mm。砾培的优点主要有:①因为是间歇性供液,在排液时砾石间隙会进入不少空气,使根部氧气供给充足;②根系支持稳定,同时砾石对营养、水分、温度的缓冲力大,稳定性更强;

表 4-4　各种基质物理性质及优缺点

类别	基质名称	pH	容重/(g/cm^3)	总孔隙度/%	优点	缺点
无机基质	沙	6.5～7.8	1.5～1.8	30.5	来源广泛，价格便宜	碳、氮比和持水量均低；无盐基交换量；保水能力较差
	煤渣	6.8	0.7	54.7	通气性好，容重适中，有利于固定作物根系	碱性大，保水吸水能力差，质地不均一，热容量小，变温幅度大
	蛭石	6.5～9.0	0.07～0.25	133.5	透气性、吸水性和持水力良好，能提供一定量的钾，少量的钙、镁等营养物质	重复使用时，其物理性状会有所改变
	珍珠岩	6.0～8.5	0.03～0.16	60.3	性质稳定、坚固、质地轻、清洁无菌，具有良好的排水性和通气性	保水、保肥性稍差
	岩棉	6.0～8.3	0.06～0.11	94.0	化学性质稳定、物理性状优良、pH 稳定以及经高温消毒后不携带任何病原菌	废弃后在土壤中极难分解，损害土壤的耕作性状
有机基质	泥炭	3.0～7.5	0.2～0.6	—	质地轻、保水佳、透气好、营养强	为不可再生的自然资源，长期采用必然会造成草碳资源枯竭
	稻壳	7.5～8.5	0.082～0.16	80.26	通透性好	保肥保水性能一般，养分含量低，pH 偏高
	锯木屑	4.2～6.2	0.19	78.3	来源丰富，容重轻，吸水保水性较好	碳氮比过高，单独使用要补充氮肥；含有杂菌及致病微生物，需经过适当处理才能使用
	蔗渣	4.68	0.12	90.80	制糖业的副产品，我国南方来源广泛	新鲜的甘蔗渣碳氮比很高，不能直接使用
	椰糠	5.56	0.32	93.34	长纤维素，松泡多孔，保水和通气性能良好	成型产品待开发利用

③适宜作物的种类较多。而其缺点主要有:①砾石材料产地不同,其对养分附着、溶出活性等方面存在较大差异,营养成分的管理很难均衡;②自然的砾石不易取材,人工的砾石价格贵;③砾石经过长期使用后,再次清洗和消毒的工作会使劳动力和资金的投入增加,同时排液时增加了保留上一轮作物留下的病原菌的风险。

(2)沙培　是指通过把营养液加到沙中来培养植物的方法。沙的来源广泛,在河流、大海、湖泊的岸边以及沙漠等地均有大量的分布,加上价格便宜,是无土栽培应用最早的一种基质材料。沙培目前主要采取的营养液供应方式是底层供液。装置的主要组成部分包括培养床、供液系统、监控系统等。栽培床的高度根据植物及作业实际情况来决定。营养液的供应模式采用滴灌。为了保持培养基的湿度,滴灌采用不间断滴灌。但是滴灌的速率要根据作物不同生长阶段来进行设定,一是以节约资源,二是为防止烧苗,三是为作物提供最佳的生长环境。

沙培的优点:低能耗、低成本;生长均匀速度快、品质好,无连作危害;清洁省力,自动化浇灌。沙培的缺点:收获后植物的根系嵌在沙质培养基中,清除十分困难,使用过的沙质培养基要进行严格的消毒处理。

(3)岩棉培　是将植物栽植于预先制作好的岩棉中,让作物在其中扎根锚定,吸水、吸肥的栽培技术。岩棉是由60%的辉绿岩,20%石灰岩和20%的焦炭,在1 600 ℃的高温下熔化,喷成0.005 mm的纤维,并压成块,使其成为重量为77～80 kg/m^{3}的无机基质。农用岩棉再制造过程中加入亲水剂,使岩棉的容重小,孔隙度大,具有很好的通气性和保水性,再加上其制造过程中的高温条件使岩棉呈现出几乎无菌的状态,成为营养液栽培中一种广泛使用的主体基质。岩棉培的主要优点有:①基质内始终保持着空气和养分,不必额外增加供氧装置;②栽培装置轻便易安装,费用较低;③可以单独调节营养液的供给,操作简单。主要缺点有:①停止补液后,岩棉中仍存在一定量的营养液,反应滞后,可控性较差;②适用的作物种类有限;③基质使用寿命有限;④岩棉对环境有一定的污染,使用后需要严格处理。

(4)椰糠培　作为基质和土壤改良剂在国内外被广泛应用,具有制作方便、价格低廉、应用前景广阔等优点。我国已有60多年的蔬菜椰糠栽培历史。椰糠具有海绵状结构，保水透气性好，理化性质好，能够较长时间地使用，对于水肥的缓冲性能较好。当前椰糠作为栽培基质已在不少国家使用，其原料来源环保、卫生，在一定程度上能够保障蔬菜安全性。椰糠培具有以下优点：①具有良好的保水性，可以充分保持水分和养分，减少水分及养分的流失，有利于植物根系在生长过程中很好地吸收养分和水分，有利于植物的生长；②能够防止植物的根系腐蚀，促进植物根系生长，可以保护土壤，避免造成泥浆化；③疏松透气，能吸收自身重量8倍的水，最大的特点是本身不会腐烂，可以反复使用，而且不会产生积水。

3. 雾培

雾培是将植物根系置于雾化营养液的环境中，满足植物生长对水肥气需求的栽培方式（图4-8）。雾培植物生长速度更快，对植物生长的速度和品质可控性更强，适宜植物种类范围更为广泛。

图4-8　雾培技术原理图

雾培系统主要由栽培系统、营养液系统和控制系统三部分组成。雾培的栽培系统根据其栽培板面积与雾培箱占地面积的比值（R值），大致分为三大类：平面式、斜面式和立面式（图4-9）。平面式R值为1，一般由下部培养根系的气雾箱（桶）和上部的栽培板组成，适宜叶菜、果菜、药材、果树等各类植物的栽培，适用性广，多层垂直蔬菜工厂都采用该方式。斜面式 R 值一般为 1～3，呈三角形和金字塔形的都属该类，适宜栽培叶菜、草莓等小型植物，在早期的蔬菜工厂和观光型蔬菜工厂中应用较多。立面式 R 值一般大于 3，立面开孔的管（桶）状雾培和墙面雾培属于此类，适宜栽培叶菜类小型植物。也有不同方式相结合的，如梯形样式的雾培，结合平面式和斜面式，斜面上可以种植叶菜、草莓等小型植物，顶面种植叶菜或番茄等小中大各型植物，只按 R 值划分的话，可以归于斜面式，这种方式多见于观光型蔬菜工厂。

a.平面式　　b.斜面式

图 4-9　不同形式的雾培

营养液供给系统根据其对营养液雾化方式的不同，主要分为压力喷雾和超声波雾化。压力喷雾是通过水泵增加营养液压力，经雾化喷头将营养液雾化，是生产中应用最广的雾化方式。超声波雾化是利用超声波雾化器的高频振荡将营养液雾化，生产中较少使用。规模化生产的情景下，两种雾化方式相比各有优点：压力喷雾电器组件单一，主要为水泵，安装维护控制方便，运行成本低，雾化喷头造价低，耐用性强；超声波雾化雾滴粒径小，分布均匀，不存在喷头堵塞问题。

雾培采用间歇供液，由控制系统调节开关时间长来实现。一方面是出于节能考虑，供液频率越低，电能消耗越少；另一方面是出于对植物需求的考虑，需要平衡水、肥、气三者之间的供应。雾培的控制也由早期的自动定时控制，发展到考虑光照、温度、湿度等环境因子的专家模型控制系统，逐渐向通过实时监测植物茎流等生理活动和具有预测自适应功能的智能控制系统发展。未来还要考虑对于植物生长定向调控的控制，如蔬菜品质定向调控、药用成分调控、开花调控等，将来所要考虑的不仅是气雾供液时间长短问题，还要考虑营养液浓度、成分和环境因子影响机制的智慧化调控。

雾培应用最为广泛的是马铃薯原原种生产。马铃薯雾培多采用平面式，其匍匐茎和根系生长于气雾箱内，薯块膨大后可以打开气雾箱间断采收，较传统马铃薯原原种基质栽培单株结薯数可增加 10 余倍。雾培在叶菜生产中应用也较为广泛，已经融资数亿美元的美国垂直农场公司 AeroFarms 采用雾培技术主要生产生菜、甘蓝、芝麻菜等叶菜。此外，雾培在番茄、黄瓜、甜瓜等瓜果，大麻、石斛、车前等药材，柑橘、桃、枣等果树方面也有一定的探索和应用（图 4-10）。

a.生菜雾培　　b.马铃薯雾培

图 4-10　雾培在各种植物种植中的应用

雾培很好地平衡了植物对水、肥、气三者之间的需求，进一步突破了固、液、气三相对植物生长的限制，是一种先进的生产方式。雾培继承了水培相较于土壤或基质栽培植物根系生长受到物理阻力的限制，根系生长更自由。同时，根系的生长、水分和矿质营养的吸收需要根系呼吸作用提供充足的能量。雾培技术通过雾化供液的方式，不仅确保植物能够有效吸收肥料和水分，同时也能充分获取氧气。这一方法避免了纯水培特别是深液流栽培中因溶氧不足而导致的生长不良和烂根问题。因此，解决水气吸收矛盾是雾培的核心优势之一。

雾培的缺点主要是对电力和设备稳定的高依赖性，相较于水培和固体基质栽培，雾培根部水分驻留量少，需要较高频率的水肥供应，停电和设备故障很容易造成植物的永久性损伤，甚至死亡。针对这一缺陷，可采取一定的改进措施，如上部分根系采用喷雾培，下部分根系浸没于营养液深液流的半喷雾培模式。此外，压力喷雾栽培的喷头在长期运行过程中，容易出现堵塞，维护难度和成本高，也是雾培没有水培应用广泛的主要原因之一。

4.1.5 蔬菜工厂营养液管理发展趋势

营养液管理是自然光蔬菜工厂生产中的关键环节，其中营养液的组成、营养液成分调控的自动化、对蔬菜的生长及品质形成的影响都是决定蔬菜工厂未来发展的重要环节。传统的营养液管理大多基于种植者的经验判断，缺乏量化指标的管理，营养液循环管理系统的自动化程度较低。纵观国内外蔬菜工厂营养液管理的实践和发展趋势，营养液精准管控技术创新应从以下几个方面发力。

1. 养分精准控制系统研发

养分的精准控制必须围绕营养液供应和作物需求两个方面同时开展。相比于传统的露地蔬菜栽培，无土栽培蔬菜对养分供应的持续性要求很高。在封闭生产条件下，为了提高蔬菜养分利用效率，营养液始终处于循环利用的状态下。蔬菜只有在一定养分浓度条件下才能确保正常生长，因此在蔬菜生产过程中需要及时补充营养元素。当前国内外绝大多数的营养液控制系统都是基于A、B肥配方并结合酸碱调配；通过传感器与控制器进行营养液EC和pH的实时反馈调节。但是蔬菜种类繁多，且生长形态各异，在不同生育时期和不同环境中对养分的需求处于一种动态的变化之中，仅依靠EC和pH的反馈控制，无法反映营养液中不同养分元素消耗的实际情况，在营养液长期循环使用的过程中，易造成养分供给的不平衡。目前蔬菜工厂营养液信息的在线检测尚处在比较基础的阶段，通过检测营养液中总盐含量或者单一离子浓度与总盐含量之间的简单线性关系，无法实现对单一离子损耗的精量化补充。而针对营养液使用的离子选择性电极及其单一离子传感器的研发，尚处于初级阶段，还远远满足不了实际生产的需求，这也在当前阶段严重限制了营养液精量补充系统的发展。

每种作物在不同生育时期对营养液中不同养分元素的需求也各不相同。因此，实现蔬菜工厂营养液精准控制的前提，就是需要能够明确作物的养分吸收规律。作物的养分吸收受到多种因素的影响，包括作物的种类、生长状态以及外界环境因子等。更多的研究转向通过建立作物生长模型、蒸腾模型或光合模型，根据作物的生长生理信息预测和反馈调节营养液成分，这也是未来营养液管理技术创新的重要趋势。

此外，实现蔬菜营养液的精准控制，还需要开展重要且基础性的工作，就是建立一个全面系统的工厂化条件下蔬菜生长及养分吸收利用的数据库。该数据库应包含作物的生长信息、各生育期养分吸收动态规律以及相应的环境因子信息等，生长信息的采集可以通过破坏性采样手段和无损检测手段相结合的方式来获取，养分吸收规律可以通过对光合作用过程和作物体组分进行测量来获取，环境因子可通过传感器检测来获取。在此基础上才能够构建完善的蔬菜工厂营养液精准控制系统。

2.营养液配方研发

当前蔬菜工厂化栽培中所涉及的营养液配方，绝大部分是来源于霍格兰或山崎营养液配方，这些配方根据种植者的实际经验，结合蔬菜的生长状态不断改良而成，其特点是用于配置营养液的矿质种类比较固定，包含作物生长必需的13种矿质元素。该类营养液的优点是组成成分明确，组分含量易于控制。但是如何保证营养液栽培作物的产量尤其是品质，已经成为影响蔬菜工厂化发展的一个重要课题。

当前限制营养液栽培规模进一步扩大的一个限制因素就是生产环节的成本过高，因此，只有进一步提高营养液栽培模式下单位面积的产量，才能够确保蔬菜工厂能够实现持续盈利。自20世纪30年代无土栽培模式引入商业性农业生产中以来，营养液仍旧是以化肥为主配制而成的，但是所产生的环境污染问题却越来越突出，严重影响蔬菜工厂化整个产业的发展。目前，大量的研究开始专注于如何将有机提取生物刺激素以及纳米肥料等新型肥料产品应用于无土栽培中。一方面是为了能够进一步提升无土栽培蔬菜的单位面积产量，另一方面也是为了能够部分替代化肥投入，减少环境污染，做到环境友好型生产。

3. 蔬菜品质精准调控

蔬菜作为居民重要的膳食摄入来源，其人均消费量呈逐年上升趋势。而传统露地或设施土壤条件下的栽培模式，为保证蔬菜产量，化肥和农药在蔬菜生产的过程中常常会过量投入。有关研究显示，蔬菜类的化肥和农药投入量是单位面积谷物类作物投入量的数十倍。这种生产方式不仅会伴随着严重的面源污染，而且还会造成蔬菜品质的急剧下降。蔬菜工厂化栽培尽管可减少化肥和农药的投入量的 80%以上，但是由于养分供应成分单一，缺乏土壤中富含的各类有机质，生产出来的蔬菜品质，尤其是口感难以达到传统土壤栽培的风味。因此，越来越多的研究者达成共识，在未来工厂化蔬菜生产模式中，必须把蔬菜品质提升作为创新发展的重要方向。

通过改变营养液的组成可以在短时间内迅速提升蔬菜品质，这是一种已经被证明行之有效的手段，特别是在叶菜水培栽培体系下，有很多的研究报道证实，通过采收前去除营养液中的氮，可在 3 d 之内大幅度降低硝酸盐含量，同时提升蔬菜的维生素 C、可溶性糖、可溶性蛋白和类黄酮含量。无钾营养液可以显著降低蔬菜中钾离子的含量。此外，在叶菜采前 7 d 补充含硒的氨基酸，可以迅速提升蔬菜功能硒的含量。未来的蔬菜品质调控技术，会结合营养液成分控制、功能成分添加等多种方法，全方位提升蔬菜品质。

4.2 人工光（LED）装备与控制系统

光是植物生长的最重要环境因子之一，在蔬菜工厂环境下，植物生长所需的光能部分或全部来源于人工光源，因此，蔬菜工厂光照环境的调节控制是十分重要和必要的（Sipos et al.，2020）。本节主要介绍蔬菜工厂常用的人工光源及其特点、光环境调控技术及其智能控制系统。

4.2.1 常用人工光源

植物生产对人工光源的要求主要体现在三个方面，即光谱性能、发光效率以及使用寿命等(Randall and Lopez，2024)。在光谱性能方面，要求光源具有富含400～500 nm蓝紫光和600～700 nm红橙光，适当的红蓝光比例(R/B)、红光(600～700 nm)远红光(700～800 nm)比例(R/FR)，以及具有其他特定需求的光谱成分(如补充紫外光不足等)，既能保证植物光合对光质的需求，又尽可能减少无效光谱和能源消耗。在发光效率方面，要求发出的光合有效辐射量与消耗功率之比达到较高水平。发光效率的表示方法有：可视光效率(光效率)，单位为lm/W；光合有效辐射效率(辐射效率)，单位为mW/W；光合有效光量子效率(光量子效率)，单位为(μmol/s)/W或μmol/J。在其他性能要求方面，希望使用寿命尽可能长一些，光衰小一些，价格相对低一些等。

目前，蔬菜工厂所使用的人工光源主要有高压钠灯、荧光灯和发光二极管(LED)等(Sipos et al.，2020)。

1. 高压钠灯

高压钠灯(High Pressure Sodium Lamp，HPS)(图4-11)：是在放电管内充高压钠蒸气，并添加少量氙(Xe)和汞等金属的卤化物协助起辉发光的一种高效光源。特点是发光效率高，功率大；寿命长(12 000～20 000 h)；但光谱分布范围较窄，以黄橙色光为主。由于高压钠灯单位输出功率成本较低，可见光转换效率较高(达30%以上)，基于经济性考虑以及其他节能光源(如荧光灯、LED等)尚未得到有效开发，早期的人工光蔬菜工厂，尤其是小型蔬菜工厂(如艾斯贝克希克公司的智慧蔬菜工厂)主要采用高压钠灯。但高压钠灯所发出的光谱缺少植物生长必需的红色和蓝色光谱，而且这种光源还会发出大量的红外热，难以近距离照射，致使智慧蔬菜工厂的层间距较大(至少在800～1 000 mm，还需要增加降温水罩)，不利于多层立体式栽培(Randall and Lopez，2014)。因此，近年来人工光蔬菜工厂已经很少采用高压钠灯，即使使用也会采取一些降温措施(如采用玻璃隔离或降温水罩)减少热量向栽培床散失；针对光谱成分中蓝光缺乏的问题，通过在两个高压钠灯之间加入一些蓝色 LED 光源，以弥补蓝色光谱的不足。

图 4-11　高压钠灯实物照片

2. 荧光灯

荧光灯(Fluorescent Lamp)：低压气体放电灯，玻璃管内充有水银蒸气和惰性气体，管内壁涂有荧光粉，光色随管内所涂荧光材料的不同而异。管内壁涂卤磷酸钙荧光粉时，发射光谱范围在 350～750 nm，峰值为 560 nm，较接近日光。同时，为了改进荧光灯的光谱性能，近年来灯具制造企业通过在玻璃管内壁涂以混合荧光粉制成具有连续光谱的植物用荧光灯(图 4-12)，改进后的荧光灯在红橙光区有一个峰值，在蓝紫光区还有一个峰值，与叶绿素吸收光谱极为吻合，大大提高了光合效率。

荧光灯光谱性能好，发光效率较高，功率较小，寿命长(12 000 h)，成本相对较低。此外，荧光灯自身发热量较小，可以贴近植物照射(图 4-13)，在蔬菜工厂中可以实现多层立体栽培，大大提高空间利用率。但荧光灯自身也有不少缺陷，无论哪种类型的荧光灯都缺少植物需要的红色光(660 nm 左右)，为了弥补红色光谱的不足，通常在荧光灯管之间增加一些红色 LED 光源；直管型荧光灯中间的光照强度较大，因此还要设法通过荧光灯管的合理布局，使

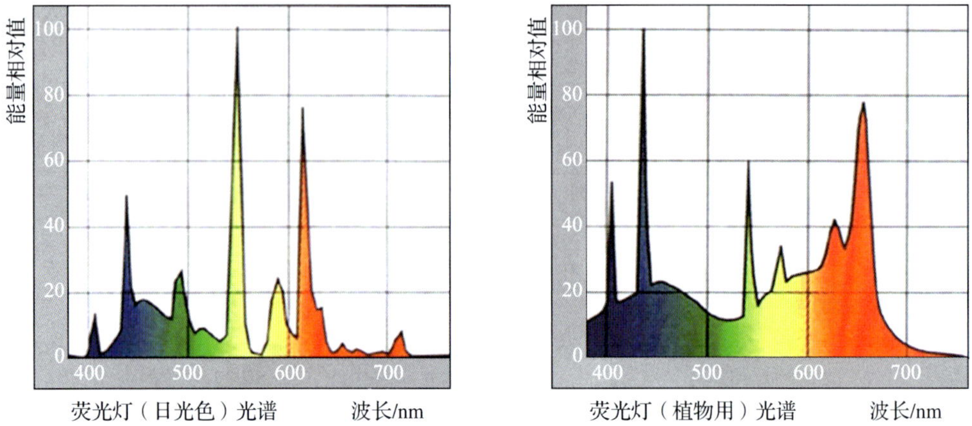

图 4-12　荧光灯光谱组成(左)和植物用荧光灯光谱组成(右)

光源尽可能做到均匀照射；同时，荧光灯管一般不带有灯罩，照射时向灯管顶部和栽培床侧面会散射出较多的光，相应地减少了照射到植物体的光源能量。目前，国际上比较常用的方法是增设反光罩，尽可能增加植物栽培区的有效光源成分。目前荧光灯管多用于育苗工厂，而在蔬菜工厂中的应用逐渐减少。

图 4-13　荧光灯在智慧蔬菜工厂中的应用

3. 发光二极管

发光二极管(Light-Emitting Diode，LED)：其发光核心是由Ⅲ-Ⅳ族化合物如 GaAs(砷化镓)、GaP(磷化镓)、GaAsP(磷砷化镓)等半导体材料制成的 PN 结。它是利用固溶体半导体芯片作为发光材料，当两端加上正向电压，使半导体中的载流子发生复合时，放出过剩的能量而引起光子发射，产生可见光。

LED 能够发出植物生长所需要的单色光(如波峰为 450 nm 的蓝光、波峰为660 nm的红光等），光谱域宽仅为±20 nm，而且红、蓝光LED光源组合后，还能形成与植物光合作用需求吻合的光谱。LED的开发与应用为人工光蔬菜工厂的发展提供了良好的契机，可以克服现有人工光源的许多不足，使人工光蔬菜工厂的普及应用成为可能。与荧光灯等相比，LED具有以下显著优势（Mitchell et al.，2015；Paucek et al.，2020）：

（1）节能　LED不依靠灯丝发热来发光，能量转化效率非常高，目前白光LED的电能转化效率最高，已经达到80%；普通荧光灯的电能转化效率仅为20%左右。所以，白色LED的节电效果可以达到荧光灯的4倍。虽然不是所有波段的LED都能达到白色LED的节电效果，但是随着LED技术的迅猛发展，它已成为节能光源发展的一个重要趋势。

（2）环保　现在广泛使用的荧光灯等光源中含有危害人体健康的汞，这些光源的生产过程和废弃的灯管都会对环境造成污染。而LED没有任何污染，并且发光颜色纯正，不含紫外和红外辐射成分，是一种“清洁”光源。

（3）寿命长　LED是用环氧树脂封装的固态光源，其结构中没有玻璃罩、灯丝等易损坏的部件，耐震荡和冲击，寿命可达50 000 h以上，是荧光灯的5倍，白炽灯的100倍。所以LED光源除节约能源与环保外，还能减少用于光源更换与维护的劳动力支出。

（4）单色光　LED发出的光为单色光，能够自由选择红外、红色、橙色、黄色、绿色、蓝色等光谱，按照不同植物的需要将它们组合利用，不仅节省能耗，而且还可提高植物对光能的吸收利用效率。

（5）冷光源　由于LED发出单色光，没有红外或远红外的光谱成分，是一种冷光源，可以接近植物表面照射而不会出现叶片灼伤的现象，并且它的体积小，可以自由地设计光源板的形状，可以极大地提高光源利用率和空间利用率，有利于形成多段式紧凑型的栽培模式，适用于人工光智慧蔬菜工厂的集约型生产模式。

基于以上优势，LED被认为是人工光蔬菜工厂的理想光源。它的应用能够降低人工光蔬菜工厂的能源消耗和运行成本，提高光能利用率和光环境的控制精度，促进蔬菜工厂的普及与推广；同时，对于解决环境污染问题、提高蔬菜工厂的空间利用率、减少温室效应都具有十分重要的意义。当前，LED正在成为人工光蔬菜工厂的主流光源，如图 4-14 所示。

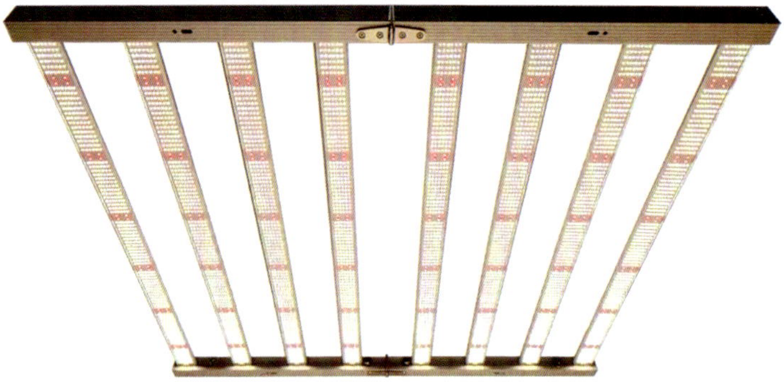

图 4-14　蔬菜工厂 LED 光源

4.2.2　光环境调控参数

植物对光的需求主要体现在光辐射强度、光质组合、光周期和光的时空分布等几个方面，也称之为植物生长的“光环境要素”。光环境的调节是根据作物种类及生育阶段的不同，通过一定的措施来进行光环境参数的调控，以提高作物的产量、品质和光能利用效率。正确理解植物生长过程中光的需求是实现蔬菜工厂光环境调控的先决条件。

1. 光强

蔬菜工厂一般用光合有效光量子通量密度作为光强的主要衡量单位。光合有效光量子通量密度(Photosynthetic Photon Flux Density，PPFD)，即单位时间、单位面积上到达或通过的光合有效辐射(400～700 nm)的光量子数，单位为 $\mu mol/(m^2 \cdot s)$，主要指与光合作用直接相关的 400～700 nm 的光照强度。在植物专用光源生产之前，所有光源都是为了人类照明而开发的，为了更好地相互换算和比较，经常会用到补正视觉灵敏度的概念。为了更接近人类的光感，常用人类最敏感的绿色作为视觉灵敏度的最大估量单位。实际上，光合作用的光灵敏度与人眼的视觉灵敏度并不一致，例如，人眼最敏感的是555 nm 绿光，而植物叶绿素对绿光吸收率相对较低；相反，对光合作用影响很大的450 nm蓝光的视觉灵敏度比(是将人类对555 nm绿光的视觉灵敏度作为1的一种相对灵敏度)却仅为0.038。也就是说,只达到同样能量绿光的4%,因此人类的眼睛几乎感觉不到。植物对基本光量子单位的反应与视觉灵敏度比并无共同之处,表明适合人类的光强单位并不适合植物,因此,蔬菜工厂人工光源光强设定一定要注意其适宜的光强单位。

2. 光谱

太阳光中包含的光谱范围较宽,但能为植物生长提供动力和信号的光能占比非常小。长期以来,人们一致认为对光合作用有效的可见光波长为400～700 nm,因此,这段光谱被定义为植物生长光合有效辐射(Photosynthetic Active Radiation,PAR)。近年来,随着植物光合系统以及光受体相关研究的不断发展,在光合有效辐射的基础上,植物作用光谱也更加丰富,根据2017年美国农业与生物工程学会所发布的 *Quantities and Units of Electromagnetic Radiation for Plants* (*Photosynthetic Organisms*)《植物光合电磁辐射度量单位》,除之前植物生长通用的光合有效辐射(400～700 nm)之外,统一将中波紫外线、长波紫外线以及远红光也纳入植物光合作用的光谱系统中,并明确规定了各种光质的有效范围。因此,在目前植物光合作用的光谱系统中,波段范围扩展为280～800 nm,如图4-15所示,包括中紫外线(280～315 nm)、近紫外线(315～400 nm)、蓝光波段(400～500 nm)、黄绿光波段(500～600 nm)、红光波段(600～700 nm)以及远红光波段(700～800 nm)。

3. 光周期

在一天之中,白天和黑夜的相对长度,称之为光周期(Photoperiod)。在自然界各种气象因子中,日照长度变化是最可靠的信号。生长在地球上不同地区的植物在长期适应和进化过程中表现出对昼夜长短信号的感知,从而调节其开花、休眠、落叶等生理过程(武维华,2003)。此外,从植物光合作用层面来看,植物正常生长也需要一定时长的光期和暗期,因为在光期植物进行光合作用,暗期完成光合产物转运。研究证实,在长期连续光照环境下,植物叶片光合产物(淀粉)累积,导致光合器官受损,叶片光合能力下降(Velez-Ramirez et al.,2011)。光周期与光照时数密切相关,光照时数是指作物被光

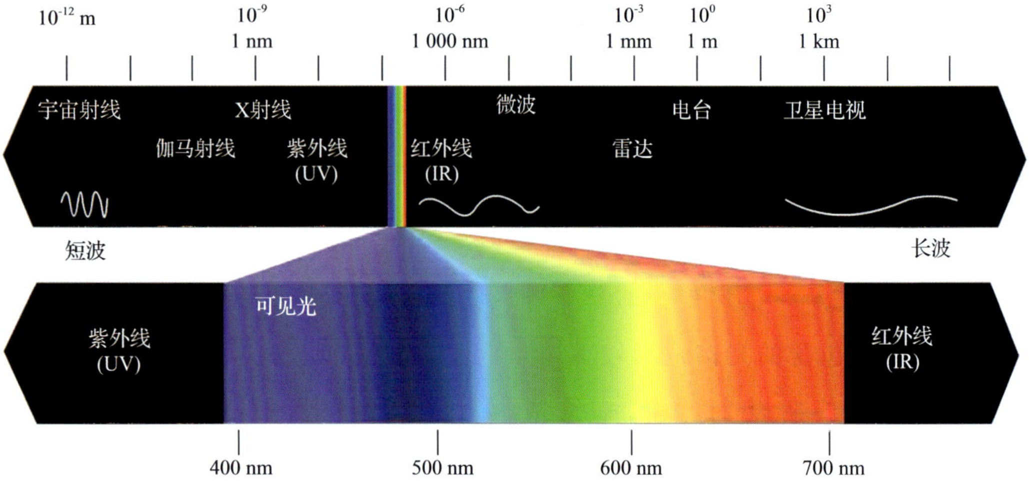

图 4-15　植物作用光谱在太阳光谱中的位置及不同光质分类

照射的时间。在蔬菜工厂生产中,合理安排光期、暗期对保证植物正常生长发育至关重要。

4. 光时空分布

光时空分布又分为光的空间分布和时间分布。光的空间分布是指植物受光面区域内光强度和色温的分布以及光线相对于植物受光面的空间照射角度;光的时间分布是指同一种光质、光强的组合在一个光周期时间轴上的分布,主要体现在供光模式的差异上。

光的空间分布的均匀性是影响栽培面作物生长一致性的重要因素,同时也在一定程度上影响种植者的视觉感官。光空间分布的均匀性可通过优化光源结构和控制光源加工工艺来实现,如 LED 光源,实现光空间分布均匀的主要方法有:①采用自由曲面透镜的方式提高 LED 出射光空间色温和强度的均匀度;②通过构建色温均匀度评价函数,优化 LED 阵列结构,实现目标栽培面上色温和强度的均匀分布;③通过改变荧光粉涂层的形状、结构以及涂覆方式实现 LED 色温均匀分布。

根据供光模式的不同,光的时间分布可分为连续供光、交替供光、间歇供光等。连续供光是指在一个光周期内,同一种光质、光强的组合连续不变,即光在时间轴上的分布是连续、均匀的[图 4-16 中的 RB 和 RB′模式以及图 4-17

中的 L/D(1)模式];交替供光是指在一个光周期内,两种或多种光强、光质的组合以一定的频率交替出现、规律分布[图 4-16 中的 R/B 模式];间歇供光指在一个光周期内,一种光强、光质的组合以一定的频率间歇出现、规律分布[图 4-17 中的 L/D(2)至 L/D(8)模式]。

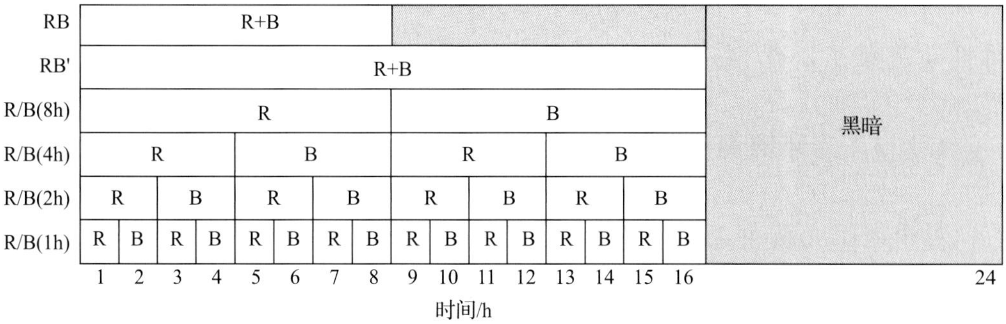

图 4-16　红、蓝光交替供光模式

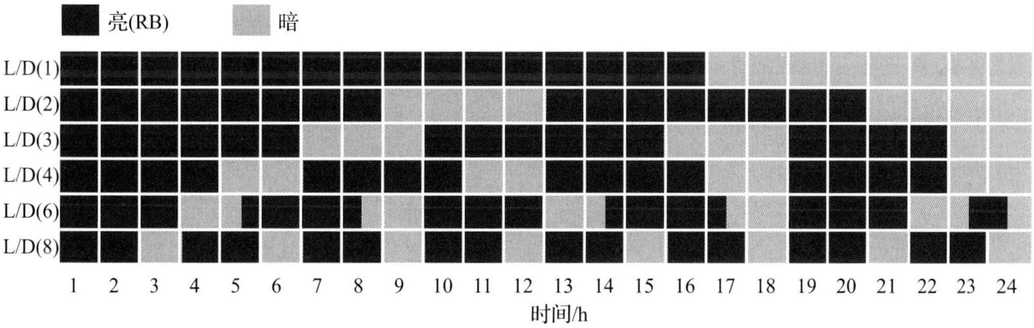

图 4-17　红蓝光间歇供光模式

5. 光环境管理策略

光环境管理策略(Llight Environment Management Strategy,LEMS),即在整个植物生育期内光强、光配方、光周期的综合管理方法及技术。光配方是建立光环境管理策略的基础。光强是数量因子,而光质是质量因子。光环境管理是个复杂的技术系统。最重要的是光质的生物学作用与其光强大小(Kim et al.,2004b)和光周期长短直接有关。为此,在光配方基础上要制定合理的光环境管理策略。随着 LED 技术的发展,设施环境下蔬菜光生物学,特别是蔬菜光生理学及分子生物学研究在国内外得到广泛重视。LED 光源为蔬菜工厂化人工光照明带来了重大突破，同时LED单色光特征为每一蔬菜作物光配方研究及光环境管理策略的建立提供了有效的研究工具。反之，光配方研究及光环境管理策略的建立为蔬菜工厂化生产提供了基于某种特定植物种类和品种的整套的技术参数，实现节能条件下的最大生物学产量和最优营养价值。总体来说，优化光照系统，建立光配方及光环境管理策略将推动蔬菜工厂化，特别是人工光蔬菜工厂生产效率的提升。

4.2.3 光环境调控技术

对于人工光蔬菜工厂来说，人工光是植物光合作用唯一的能量来源，室内光环境调控主要是通过智能控制系统进行光环境参数的优化控制。基于每一种蔬菜的光配方优化参数，通过人工光动态智慧化调控，实现人工光蔬菜的高效生产和节本降耗。

对于自然光蔬菜工厂，在没有人工补光的情况下，室内光照与室外太阳辐射直接相关。太阳辐射随着季节和纬度的改变而有所变化，在实际生产中，为了保证植物正常的生长发育和高效生产，人工补光已成为室内光环境调控的常规措施。具体包括：

1. 结构对光环境的影响及合理设计

室内光照会受到蔬菜工厂方位、类型、屋面采光角、覆盖材料、结构和设备等的影响。东西走向蔬菜工厂的透光率均高于南北走向。因此，在进行蔬菜工厂设计时，应根据当地的自然环境特征，如地理情况、气候特点、建设地点等进行合理的结构设计，并尽量减少构件和设备对室内光照及其分布的影响。

2. 覆盖材料对光环境的影响及其选择

蔬菜工厂结构和方位等确定后，其覆盖材料成为影响室内光环境的重要因素。太阳辐射进入室内必须通过蔬菜工厂覆盖材料，因此，室内光照强度直接受覆盖材料的透光率(Light Transmittance)影响(表4-5)。新的覆盖材料的透光率一般为80%～90%，而当材料污染和老化后，透光率将大大下降，因此，及时更换或定期对覆盖材料进行清洁是提高蔬菜工厂透光率的有效手段。

表 4-5　覆盖材料的透光特性(仝宇欣等,2016)

覆盖材料	厚度	吸收率	透射率	反射率	辐射特性指数	
					干燥状态	内侧附着水滴
聚乙烯(PE)薄膜	0.05	0.05	0.85	0.10	－0.75	0.40～0.25
	0.10	0.15	0.75	0.10	－0.65	0.35～0.20
醋酸乙烯(EVA)薄膜	0.05	0.15	0.75	0.10	－0.65	0.35～0.20
	0.10	0.35	0.55	0.10	－0.45	0.25～0.15
聚乙烯-醋酸乙烯复合(PO)薄膜	0.075	0.35～0.60	0.30～0.50	0.10	－0.40～－0.20	
	0.15	0.60	0.30	0.10	－0.20	
聚氯乙烯(PVC)薄膜	0.05	0.45	0.45	0.10	－0.35	0.20～0.10
	0.10	0.65	0.25	0.10	－0.15	0.10～0.05
硬质聚酯	0.05	0.60	0.30	0.10	－0.20	0.15～0.05
	0.10	0.80	0.10	0.10	0	0
	0.175	0.85	0.05	0.10	0.05～0.10	＜0.05
不织布		0.90		0.10	0.10	＜0.05
聚乙烯醇膜		0.90		0.10	0.10	＜0.05
玻璃		0.95		0.05	0.05	＜0.05
硬纸板		0.90		0.10	0.10	＜0.05
混铝聚乙烯膜		0.65～0.75		0.25～0.35	0.25～0.35	0.10～0.15
镀铝膜(聚丙烯面层向外)		0.15～0.25		0.75～0.85	0.70～0.80	0.55～0.70
镀铝膜(聚乙烯面层向外)		0.25～0.40		0.60～0.75	0.65～0.75	0.50～0.65

覆盖材料不但会影响室内光强,还会影响室内光谱特性,因为覆盖材料对各个波段的吸收、反射和透射能力不同(表 4-6)。玻璃对可见光部分、近红外和 2 500 nm 以内的红外线透光率高,而对 4 500 nm 以上的长波红外线和 320 nm 以下的紫外线透光率较低。玻璃纤维聚酯板(Glass-Fiber Reinforced Polyester Plastic Panels,FRP)与玻璃相似,紫外线的透过率低。而玻璃纤维丙烯酸树脂板(Glass-Fiber Reinforced Acrylester Plastic Panels,FRA)对紫外线的透过率较高,但对其他波段的透射性能与玻璃相似。聚氯乙烯塑料薄膜(Polyvinyl Chloride,PVC)和聚乙烯塑料薄膜(Polyethylene,PE)对可见光的透射率相近,均在 90%左右,而对 280～350 nm 的紫外线和 2 500～5 000 nm 的远红外线,PE 的透过率相对较高。

表 4-6 塑料薄膜与玻璃的分光透光率(仝宇欣等,2016)

项目	波长/nm	PE(0.1 mm)/%	PVC(0.1 mm)/%	EVA(0.1 mm)/%	玻璃(3 mm)/%
紫外线	280	55	0	76	0
	300	60	20	80	0
	320	63	25	81	46
	350	66	78	84	80
可见光	450	71	86	82	84
	550	71	87	85	88
	650	80	88	86	91
红外线	1 000	88	93	90	91
	2 000	90	94	91	90
	5 000	85	72	85	20
	9 000	84	40	70	0

从植物生长发育的角度考虑,选择覆盖材料时,其透光特性应对光合生理有效辐射具有最大的透过率,而对 320 nm 以下的紫外线和 800～2 000 nm 远红外线的透过率最小。另外,还可以根据植物对光质的特殊要求来选择覆盖材料,如采用 PE 和 FRA 等能透过较多紫外线的覆盖材料可以提高温室内蔬菜品质和色度。

3. 人工补光

当蔬菜工厂内自然光照强度不足或日照时数过短而影响到植物光合作用时,就需要进行人工补光。在选择人工光源(Artificial Light)时,应充分考虑植物所需的光环境参数和人工光源的发光效率。

果蔬对人工光源的要求主要体现在以下几个方面,即光辐射强度、光谱性能、发光效率以及使用寿命等。蔬菜多数属于喜光植物,其光补偿点和光饱和点均比较高,植物对光照强度的相关要求是选择人工光源的重要依据,了解不同植物的光照需求对设计人工光源、提高系统的生产性能都是极为必要的。在光谱性能方面,要求光源具有富含 400～500 nm 蓝紫光和 600～700 nm 红橙光,适当的红色、蓝光比例(R/B),适当的红光(600～700 nm)、远红光(700～800 nm)比例(R/FR),以及具有其他特定要求的光谱成分(如补充紫外光等),既能保证植物光合作用对光质的需求,又尽可能减少无效光谱和能源消耗。在发光效率方面，要求发出的光合有效辐射量与消耗功率之比达到较高水平。在其他性能要求方面，还需要考虑光源的价格、寿命、安装维护费用等。

4. 遮阳调节

在夏季，室内强光和高温会抑制植物的光合作用，甚至会影响植物正常的生长发育，因此，往往需要进行遮光调节。室内遮光一般采用具有一定透光率的遮阳材料（纱网、铝箔网和镀铝网等），既能保证温室作物正常生长所需光照，又能防止温度过高。遮阳已成为蔬菜工厂不可或缺的光照调节和降温技术。

根据安装位置，遮阳又分为外遮阳和内遮阳。外遮阳是将遮阳网安装在蔬菜工厂顶部，直接将多余的太阳辐射阻隔在室外，遮阳和降温的效果最佳，并且对室内其他环境因子没有直接影响。但是遮阳网必须能承受室外风、雨、雪等自然灾害。室内遮阳是在蔬菜工厂内部安装遮阳网，在室内阻隔多余的太阳辐射。对于同等遮阳率的遮阳网，室内遮阳的降温效果比室外遮阳稍差一些。但当内遮阳与其他降温措施相结合时，由于室内需降温的空气体积减小，内遮阳更经济适用。选择遮阳网时需结合植物对光照的要求、蔬菜工厂结构特征、太阳辐射情况等进行综合分析。在满足植物生长光照的条件下，尽量选用遮阳率高的遮阳网，以同时达到降温的目的。

除遮阳网以外，还可以采用在覆盖材料表面喷涂遮光材料（如利索、立可宁等）或喷水，在遮光的同时可显著降低室内温度；采用散射覆盖材料（图 4-18）使直射光转变为散射光，有效降低太阳辐射强度，增加室内光分布。

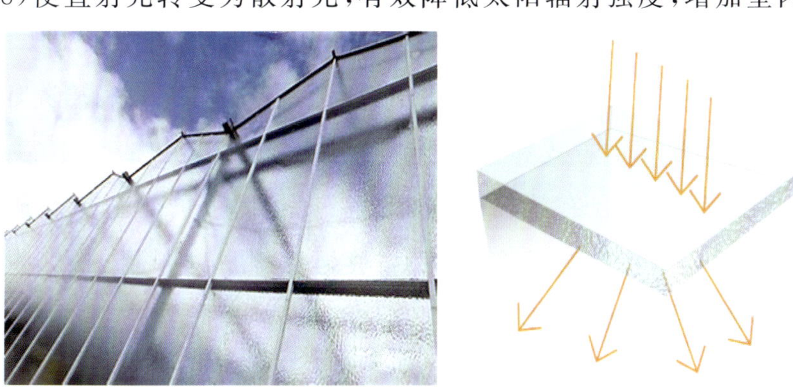

图 4-18　散射覆盖材料

4.2.4 LED光源智能控制系统

LED光源智能控制系统一般包括光源系统的开闭控制、光环境调节控制（光强、光质和光时空分布）等，有的还包括光源系统的水平和垂直移动控制，以便最大程度地根据植物的生长发育阶段提供适宜的光环境，达到节能和高效生产的目标。

Bickford和Dunn(1972)指出，被植物光合表面截获的光辐射能量与植物光源到光合表面的距离的平方成反比。因此，选择适宜的光源放置的位置，减少光源与其照射植物之间的距离，有利于促进植物的光合作用和生长速率，提高植物的光能利用效率。因为LED光源为冷光源，可贴近植株表面照射而不伤害植物叶片，所以LED光源位置应动态调控，始终保持最贴近叶片的照射距离。为此，应研发基于植物生长发育阶段的可自动调控的LED光源水平和垂直移动控制系统。中国农业科学院农业环境与可持续发展研究所开发了智慧蔬菜工厂用LED光源水平和垂直移动系统，不仅可以根据植物生长发育调节LED光源的高度，还可以水平移动，实现一套光源为两个空间内的植物的生长提供光能。

相对于光周期，光质组合的智能控制更为复杂。2012年，日本东京大学富士原教授课题组即研发了红、橙、黄、绿、蓝、远红等多色光可调的智能控制LED装置，中国农业科学院都市农业研究所与相关企业研发出基于光配方的包括近紫外光、远红光及可见光在内的智能调光系统。目前，根据植物不同生长阶段对光的需求，从单色光至四色光的智能调控技术已较普遍。

另外，光源的智能调控还需结合栽培植物大小、生长方式和培养环境等不同，定制适合的光源照射方式和智能控制系统等。如图4-19和图4-20所示，综合考虑作物特性、光合有效辐射和环境温度等因素的自适应精确补光系统。该系统实时监测特定波段光照度、环境温度，精确计算作物获得的光照量，并通过脉宽调制(Pulse Width Modulation，PWM)信号控制红、蓝光LED灯组亮度，实现在设施工厂化条件下，作物在不同生长发育阶段、不同环境条件下的按需分波长定量精准供光，具有精确、智能、低能耗的特点。该系统硬

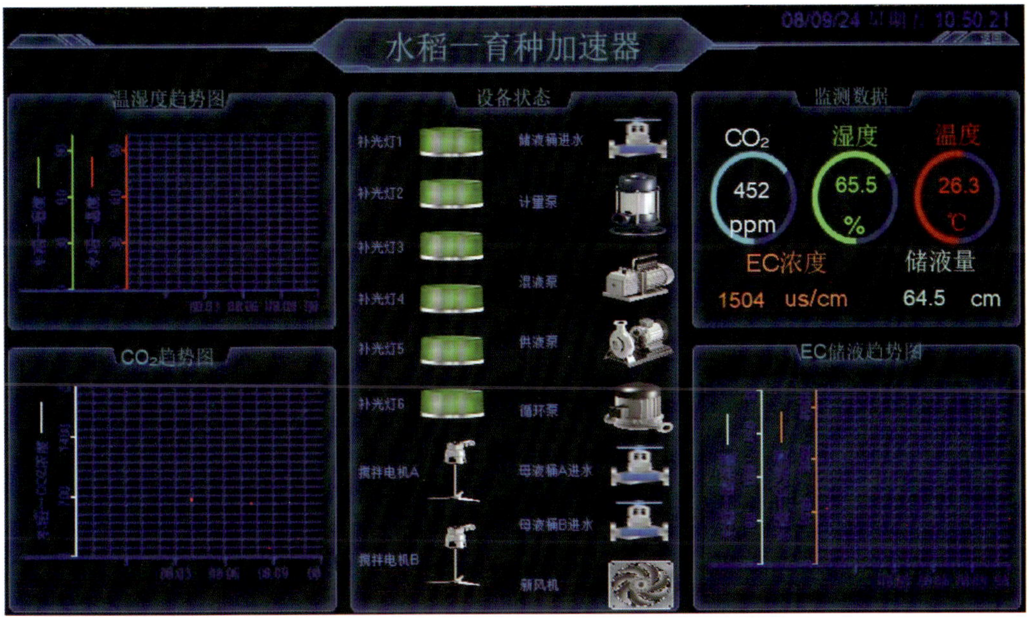

图 4-19　LED 光源环境控制系统界面

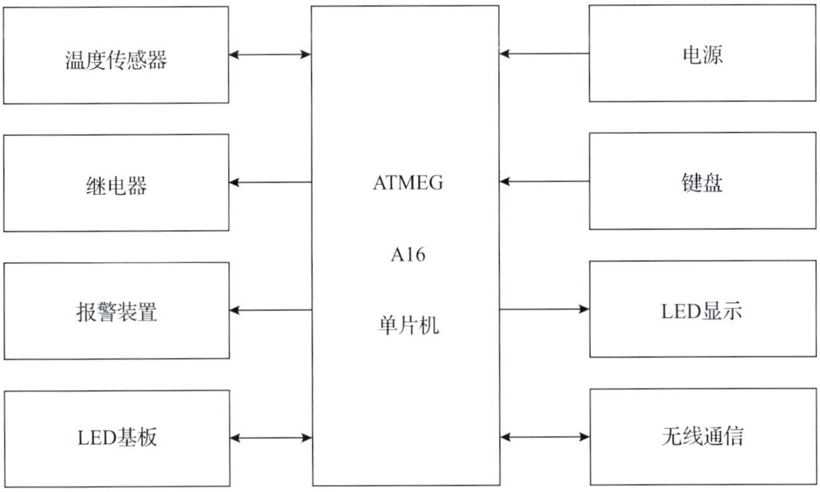

图 4-20　LED 光源系统硬件模块组成（刘晓英等，2012）

件由电源模块、检测模块、控制模块、补光模块、预警模块及用户交互模块组成。其中，电源模块采用太阳能和 220 V 市电供电方式，太阳能分别提供 3 V 和 5 V 供电电压；检测模块可实时检测温度以及分波段检测红、蓝光光照度，将检测信号进行处理后传入单片机，实现温度、光照信息的数据采集；控制模块采用 STC12C5A60S2 单片机为核心，根据用户所设阈值以及检测模块采集到的数据计算对应 PWM 信号的占空比，并输出 2 路脉宽调制控制信号；补光模块采用多组 2 路恒流驱动器，利用 PWM 控制技术，分别控制红光和蓝光 LED 补光灯的亮度；预警模块在 LED 灯组非正常工作时可及时报警；用户交互模块分别采用液晶屏显示监测结果，采用键盘实现阈值设置等输入功能。在系统软件方面，包括传感器解析函数、数据管理与决策程序、PWM 信号控制程序、参数设定程序和显示程序，实现环境因子采集与受控灯组的自动控制功能。该系统设置的 LED 灯组红蓝光比例为 5∶1，红光的阈值为 3 000 lx，蓝光的阈值为 600 lx。采用红蓝光光照度测试仪检测环境光照度。应用时发现，系统能量消耗的归一化值与 PWM 信号占空比成正比，即红蓝光的补光功率随 PWM 信号占空比的增大而线性增加。因此，亮度可调补光方法可实现最大程度的节约能源，同时避免不同阶段补光不足与过量问题的发生。

4.3 环境控制系统与装备

4.3.1 温度调控

温度调控是通过一定的增温或降温措施实现蔬菜工厂内温度的人工调节，以维持植物生长发育过程的动态适温，并实现在空间上的均匀分布、时间上的平缓变化，以保障设施内蔬菜的高效生产。与其他环境因子相比，温度是较容易人为调控的一个参数，温度调控对植物的产量与品质影响相对也较大。因此，温度环境调控对保障植物的高效生产极为重要。

人工光蔬菜工厂主要是以不透光的绝热材料为围护结构，气密性好（换气次数在 0.05 次/h 以下），室内外进行交换的热量很少，而室内由于人工光源的利用、水泵等设备运行、工作人员活动，以及植物进行光合、蒸腾和呼吸等生命活动会产生大量的热量，为了使蔬菜工厂内温度维持在适宜的范围内，大部分时间需要进行降温，尤其是在光期阶段。一般采用空气源热泵进行室内温度调控，其主要优势在于：蔬菜工厂大部分时间都需要进行降温管理，当热泵用于蔬菜工厂冬季降温时，蒸发器在高温侧吸热，冷凝器在低温侧放热，此时热泵的运行效率会显著提高，一般冬季降温的性能系数(COP)会达到加温性能系数的2.5倍。自然光蔬菜工厂是一个半封闭的系统，一般冬季需要增温，夏季需要降温，设施成本与运行成本是评价其性能的关键，表4-7列出了自然光蔬菜工厂温度调控措施及其优缺点。

表4-7 自然光蔬菜工厂温度调控措施及其优缺点

目的	方法	消耗能源	具体措施	优缺点
加温	热泵	以电力为主	空气源热泵	安装简单，投资相对少，能效高，易受运行环境影响，低温下室外机易发生结霜
			水源热泵	安装复杂，投资相对高，运行能效稳定，受环境影响较小，受水源限制，对水质有要求
	燃油机	重油、天然气等	热风	安装简单，投资相对少，能效低，一次能源消耗高，温室气体排放易污染环境
	热水锅炉	煤炭等	热水、热风	能效低，一次能源消耗高，温室气体排放易污染环境
降温	热泵	以电力为主	制冷	安装简单，投资相对少，能效高，易受运行环境影响，当室内高于室外温度时降温，运行效率很高
	通风	电力	自然通风、强制通风	运行费用低，室外温度低于室内才有效，通风使设施密闭性小，换气次数增大，无法进行高浓度CO_2施肥，增加发生病虫害概率
	蒸发	电力和水	湿帘风机、喷雾	运行费用低，使室内湿度增大，增加病害发生概率，室外湿度低时效果较好

1. 加温调控

加温设备主要包括热泵、燃油机和热水锅炉等。由表4-7可知，热泵用于设施内加温具有较大优势，在日本、荷兰等园艺设施水平较发达的国家应用比较普遍。而在中国，热泵在自然光蔬菜工厂内也有少量应用。主要可能是由于在中国北方地区温室类型是以有保温蓄热功能的日光温室为主，而人工光蔬菜工厂一般都利用热泵进行温度管理。图4-21为玻璃温室热泵加温系统。

在较寒冷的地区，设施内加温一般采用热水或热风供暖系统。供暖系统由热水锅炉、供热管道和散热器等组成。水通过锅炉加热后经供热管道进入散热器，热水通过散热器加热空气，冷却后的热水回流到锅炉中重复使用。一般采用低温热水供暖(供、回水温度分别为 95 ℃和 70 ℃)。热水采暖系统的锅炉与散热器垂直高差较小(小于 3 m)，因此，一般不采用重力循环的方式，仅采用机械循环的方式，即在回水总管上安装循环水泵。在系统管道和散热器的连接上采用单管式或双管式。根据室内湿度高的特点，多采用热浸镀锌圆翼型散热器，其散热面积大，防腐性能好。散热器一般布置在围护结构四周，散热器的规格和长度的确定要以满足供暖设计热负荷要求为原则，在室内均匀布置，以期获得均匀的温度分布。

图 4-21　玻璃温室热泵加温系统

此外，为保持植物根部适宜的生长温度，冬季采用热水管道或电加热的方式对营养液进行加温，以保持营养液和植物根际环境的稳定。

无论应用哪种加温措施，都要注意节能减排。设施内节能除了采取高效加温方法，提高运行效率外，还应加强温室本身的保温性：①提高保温性，降低覆盖材料的热传导率；②设置保温膜，设置移动或多层覆盖；③提高气密性，降低设施换气次数；④采用适当管理措施，变温管理或局部加温等。

2. 降温调控

降温措施一般是指利用热泵、通风和蒸发等方式进行降温。热泵不但可以用于加温，还可以用于降温，因此，热泵在设施内可以一机多用，可以有效减少其他加温和降温设备的安装。

通风降温因其运行费用小、简单易操作等优势，目前在设施内广泛应用。通风降温又分为自然通风（Nature Ventilation）和强制通风（Forced Ventilation）两种（图 4-22）。通风降温的同时，其他环境因子也会发生变化，因此，通

图 4-22　温室内自然通风与强制通风的应用

风在降温上的作用只是其综合作用中的一种，其他作用在 4.3.4 气流调控中会有进一步阐述。

蒸发降温(Evaporation Cooling)一般在室外湿度较低时较有效。蒸发降温又分为湿帘风机(Fan Pad System)和喷雾(Foging)两种。湿帘风机降温措施在中国、美国和欧洲比较普遍。喷雾(平均直径为 0.01 mm 的水雾)降温可与自然通风或强制通风结合，以便使室内空气的水蒸气饱和压差维持在较高的水平。蒸发降温所能达到的最低室温与室外空气的湿球温度一致。例如，室外的湿球温度为 25 ℃，室内适宜的相对湿度为 85%～90%，那么室内温度的目标值可以设在 28～30 ℃。

喷雾降温的缺点：①若喷雾不能完全蒸发，会形成水滴落到植物上，使叶片气孔关闭，抑制光合作用和蒸腾作用；②蒸腾作用的减弱使叶温升高；③叶片上有水滴，室内湿度增大会增加病虫害发生概率；④不利于室内工作人员作业，影响工作效率。为了减少喷雾降温的不利因素，应选择合理的喷雾措施，如采取间歇喷雾，综合考虑室内外其他环境因子进行喷雾参数的选择等。

4.3.2 湿度调控

蔬菜工厂环境下，植物的蒸腾作用、土壤和营养液的蒸发等，使得空气湿度较大。这种情况尤其容易发生在冬季夜晚，自然光蔬菜工厂随着空气温度的降低，相对湿度相应增大，有时可达到 100%，饱和空气可在植物叶片和设施围护材料上凝结形成露水。室内高湿环境极易引起植物病害，在湿度高于 80%时，番茄与黄瓜均易发生病害；但在湿度较低时，番茄和黄瓜也容易发生白粉病等病害。

蔬菜工厂内空气湿度还会影响植物叶片和周围空气之间的水蒸气饱和压力差(VPD)，进而影响植物蒸腾和光合作用。空气湿度较低时，叶片与环境的 VPD 较大，植物叶片蒸腾速率增加，严重时导致根部供水不足，气孔导度减小，气孔关闭，细胞内外的 CO_2 交换量减小，光合产物降低；空气湿度较高时，叶片与环境的 VPD 较小，叶片的蒸发量小，根部对营养液的吸收减少，进而影响植物光合作用，使产量降低。一般在60%～80%的相对湿度下，植物能够正常生长。不同的植物对空气相对湿度的要求不尽相同，应根据不同的植物品种及生长期对空气湿度进行调节。

1.除湿调控

设施内除湿调控可采用加热、通风和工程或化学措施除湿等方法。加热不仅可提高室内温度，而且在空气含水量一定的情况下，相对湿度也会相应下降。适当通风将室外干燥的空气送入室内，排出室内高湿空气也可以降低室内相对湿度。通常利用热泵技术进行除湿，也可以采用固态或液态的吸湿剂吸收空气中的水蒸气来除湿。

为了控制室内过高的相对湿度，蔬菜工厂通常采用以下几种降湿方法：

(1)加温除湿　在一定的室外气象条件与室内蒸腾蒸发及换气条件下，室内相对湿度与室内温度呈负相关。因此，适当提高室内温度也是降低室内相对湿度的有效措施之一。所加温度的高低，除植物需要的温度条件外，就湿度控制而言，一般保持叶片不结露为宜。加温除湿的方法尤其适用于冬季。

(2)通风换气除湿　设施较高的密闭性是造成高湿的主要原因之一。为了防止室内高温高湿，可采取强制通风换气的方法，以降低室内湿度。室内相对湿度的控制标准因季节、植物种类不同而异，一般控制在50%～85%为宜。通风换气量的大小与植物蒸发、蒸腾的大小及室内外的温湿度条件有关。在冬季，为了保持室内温度在一定水平，通常不能进行通风，而其他季节通常均可采用通风换气法进行除湿。

(3)热泵除湿　当热泵用于设施降温时，其蒸发器在室内，由于蒸发盘管的温度可降到5 ℃左右，远低于室内空气的露点温度，室内空气中的水蒸气会在热泵蒸发盘管上冷凝，从而降低空气湿度。热泵的冷凝水几乎不含离子，可进行回收再利用。

(4)吸湿　采用吸湿材料，如氯化锂等，吸收空气中水分，以降低空气中绝对湿度，从而降低空气相对湿度。

(5)空间电场除湿　利用静电场驱动离子系统的上悬电极与设施壁面或栽培基质等之间建立的静电场，在静电场作用下，空气被电离成许多自由离子和电子，空气中的水蒸气被高速运动的离子和电子碰撞后获得电荷，在电场库仑力的作用下发生聚水作用，迅速将室内的水蒸气除去，从而降低空气湿度。

2. 加湿调控

在干燥季节，当室内相对湿度低于 40％时，就需要加湿。在一定的风速条件下，适当的增加湿度可增大气孔开度，提高植物的光合强度。常用的加湿方法有：喷雾加湿（图 4-23）与超声波加湿（图 4-24）等。超声波加湿不会出现因加湿而打湿叶片的现象，已在蔬菜工厂中广泛使用。

图 4-23　自然光蔬菜工厂喷雾加湿系统

图 4-24　超声波加湿器

图4-24是一款应用于蔬菜工厂的超声波加湿器，系统由相对湿度传感器、水箱、泵、供水管道、稳压器、比例控制器、加湿器和控制电路等组成。加湿用水为去离子水，由水泵将去离子水供至加湿器的汲水盘，根据控制系统给出的信号确定湿度调节状态。湿度的控制采用PID控制，通过设定湿度控制值和比例参数值 P，当控制湿度系统启动时，环境监控开关 S_2 闭合，加湿器开启；同时，通过IIC通信接口，将比例控制值传递给IIC-DA模块输出模拟比例信号，模拟比例信号经比例控制器控制加湿器的加湿量，实现对蔬菜工厂内相对湿度的调控。

4.3.3 CO_2浓度调控

增施 CO_2（CO_2 Enrichment）的方法主要包括：通风换气、液态 CO_2（或干冰）、碳水化合物燃烧、化学反应、发酵、利用动植物产生 CO_2 等。在我国，由于设施结构相对简单，综合环境控制技术水平不足，增施 CO_2 主要采用成本较低的方法，如通风换气、化学反应和自然降解法等。在设施农业技术装备水平较高的国家，主要采用 CO_2 浓度可精确控制或可进行多目的的应用的方法，如纯 CO_2（液体 CO_2 或工业副产品）和燃烧法（在冬季利用较多）。

1. 通风换气

在蔬菜工厂化生产中，植物进行光合作用会消耗大量的 CO_2，若室内 CO_2 得不到及时补充，CO_2 浓度会迅速下降。在不通风的情况下，CO_2 浓度会降低到植物 CO_2 补偿点以下。因此，通常需要打开天窗或侧窗进行通风换气来补充 CO_2，减小室内外 CO_2 浓度差。此方法的优点是操作简单，无成本；缺点是即使在通风良好的情况下，室内 CO_2 浓度也可能低于室外 CO_2 浓度，或即使室内 CO_2 浓度能达到室外浓度水平，也远低于植物 CO_2 饱和点，且受时间限制，若在冬季为避免设施内温度过低，不宜开窗通风。

2. 液态 CO_2

酒精酿造等工业的副产品，可以获得纯度99%以上的气态、液态和固态 CO_2。将气态 CO_2 压缩于钢瓶内成为液态，打开阀门即可使用，方便、安全，浓度容易调控，且原料来源丰富。

瓶装液态 CO_2 控制系统由 CO_2 钢瓶、减压阀、流量计、电磁阀、供气管道及 CO_2 浓度传感器等组成(图 4-25)。CO_2 传感器的测量范围为 0～5 000 μmol/mol，检测精度为±30 μmol/mol。为方便控制，在钢瓶出口处装设减压阀，将 CO_2 压力降至 0.10～0.15 Mpa 后释放。电磁阀的开启与设施内光照实行联动控制。CO_2 由钢瓶经减压恒流阀、流量计、电磁阀，通过布置管道或直接施放到靠近风机处的通风管道中，沿管长方向开设小孔将 CO_2 均匀地送入设施内。瓶装液态 CO_2 释放方式操作简便，可精确控制设施内 CO_2 浓度，是蔬菜工厂，尤其是人工光蔬菜工厂 CO_2 气源的首选方式。

图 4-25　瓶装液态 CO_2 及控制系统

3. 碳水化合物燃烧产生 CO_2

煤油、液化石油气、天然气、丙烷、石蜡等物质燃烧，可生成较纯净的 CO_2，通过管道送入蔬菜工厂内。1 kg 天然气可产生 3 kg(1.52 m^3)CO_2，1 kg 的煤油可产生 2.5 kg (1.27 m^3)CO_2。燃烧释放的热量还可用于蔬菜工厂的加温。燃烧后气体中的 SO_2 及 CO 等有害气体不能超过对植物产生危害的浓度，因此要求燃料纯净，并采用专用的 CO_2 发生器。这种方法便于自动控制，但运行成本相对较高，在荷兰、日本等国家的自然光蔬菜工厂采用较多，一般不适用于人工光植物工厂。

4.化学反应法产生CO_2

利用碳酸氢铵、碳酸氢钠或碳酸钙与稀硫酸(3∶1)或盐酸进行化学反应产生纯净的CO_2。该方法使用方便,原料丰富价廉。但由于原料含有一些杂质,须注意减少化学反应的残渣余液(如H_2S、HCl等)对环境的污染,同时强酸易对人体造成危害,操作时要注意安全。由于对化学反应产生的CO_2控制精度较难把握,一般在自然光蔬菜工厂中采用较多,在人工光蔬菜工厂中采用较少。

不当的CO_2施肥方法会对植株造成伤害,如徒长,营养缺乏,加速老化,有时甚至会造成减产。在进行方法选择时,应充分考虑设施栽培条件、栽培植物、环境控制条件、经济条件等因素,以取材方便、操作简单、安全可靠、无污染物影响植物生长和便于自动控制等为原则,合理选择一种或几种可以协同利用的方法,提高增施CO_2的利用效率和设施蔬菜生产的经济效益。

对于植物而言,并非CO_2浓度越高越好。过高的CO_2浓度还会减小植物叶片气孔导度,降低植物蒸腾量,使植株表现为营养缺乏,落叶,降低CO_2利用效率,造成经济损失。因此,适宜的CO_2浓度应根据设施的密闭状况,植物的种类、品种、生育阶段以及其他环境因子而定。一般蔬菜的CO_2饱和点都在1 000 μmol/mol以上,且随着光强增加而升高。实际生产中,在设施密闭性较好,室内光照、温度等环境条件较为适宜的条件下,增施CO_2以提高CO_2浓度。叶菜类蔬菜以600～1 000 μmol/mol为宜,果菜类蔬菜以1 000～1 500 μmol/mol为宜,生长发育前期和阴天取低限,生长发育后期和晴天取高限。

选择适宜的CO_2施肥时间,可以提高CO_2的利用效率并增加产量。适宜的CO_2施肥时间根据植物不同生育阶段、栽培方式等的不同而有所变化。同一种植物,在不同的生育阶段或采用不同的栽培方式,其利用CO_2进行光合作用的能力是存在差别的。多层立体栽培的叶菜类蔬菜或种苗生产,单位土地面积上的叶面积指数大,群落光合能力强,增施CO_2的利用效率高,CO_2施肥可以在整个生育期中进行。而在一般的设施果菜类栽培中,植物苗期的叶面积指数小,利用CO_2进行光合作用的能力较弱,增施CO_2的利用效率低,不宜

增施 CO_2。在果菜类作物进入开花结果期，CO_2 吸收量增加，增施 CO_2 可以促进果菜生殖生长，增产效果好。因此，在开花结果期，增施 CO_2 增产效果较明显。

一天当中 CO_2 施肥的适宜时间取决于室内 CO_2 浓度和光照、温度等环境条件。在相对密闭的设施内，由于夜间植物呼吸和土壤（或基质）有机物经微生物分解释放的 CO_2 积蓄于室内，日出前，室内 CO_2 浓度较高，一般可达 800 μmol/mol 以上。日出后，植物开始进行光合作用吸收大量的 CO_2，室内 CO_2 浓度迅速下降，因此，CO_2 施肥应当在日出后 0.5 h 左右进行。为避免高温对植物伤害，一般进行通风换气，所以，在通风前 0.5 h 应停止 CO_2 施肥，避免气肥浪费。植物的光合作用主要在上午进行，因此 CO_2 施肥也应主要集中在上午。在光照强度较低的阴雨天，可不施肥或进行 CO_2 低浓度施肥。CO_2 施肥时间的长短应因植物品种不同而异。若对一些植物进行长期的 CO_2 施肥，会使光合产物在植物叶片中积累，使叶绿素浓度和光合反应酶的活性下降，从而降低植物的净光合能力。

4.3.4 气流调控

蔬菜工厂是一个封闭或半封闭的系统，依靠外围护结构与外界隔离，在不进行通风或无室内风机的情况下，室内风速很小，较低的风速会导致室内温度、湿度、CO_2 浓度等环境因子的分布不均，直接影响植物生长发育的均匀性。另外，较低的风速还会减少植物的光合作用和蒸腾作用，因为低风速下叶片的边界层较厚，而 CO_2 和 H_2O 分子扩散的阻力会随边界层厚度的增加而增加。一般当风速在 0.3～1.0 m/s 时，随着风速增大，植物叶片的边界层阻力减少，气孔导度增大，增施 CO_2 的效果增加。若风速超过 1.0 m/s，尤其是在较低的相对湿度环境下，再增大风速，会导致植物的部分气孔关闭，气孔导度降低，从而降低植物的光合速率。

蔬菜工厂中气流主要来源于通风调温系统中的循环风机，气流组织对设施内微环境因子（温度、湿度、CO_2 等）均匀分布有直接决定作用。需要对通风形式进行合理安排，使其满足植物生产需要，节约调温系统能耗。

1. 自然通风

自然通风(Nature Ventilation)一般指设施借助室内外温度差产生的热压或室外自然风产生的风压促使空气流动。自然通风系统一般由通风窗(天窗或侧窗)、开窗的电机和控制器等组成。自然通风运行费用小,是一种比较经济的通风方式,在自然光蔬菜工厂生产系统中,一般优先选择这种方式进行室内环境调控。但自然通风效果会受到设施所处的地理位置、地势和室外风速、风向等因素的影响。

2. 强制通风

强制通风(Forced Ventilation)是指利用风机产生的风压强制空气流动或进行室内外空气交换。强制通风又可分为强制室内外空气交换和强制室内空气对流两种。强制室内外空气交换一般用于半封闭的温室,并与湿帘联合使用,以达到增加室内风速、降低室内温度、减小室内湿度、增加 CO_2 浓度等目的。在面积较大或环境调控要求较高的温室内,仅靠自然通风无法满足要求时,通常需要设置强制通风系统。在安装风机时,应首先计算所需的通风量,根据通风量来选择风机的功率与数量。强制室内空气对流用于密闭状态下的自然光蔬菜工厂或密闭性较好的人工光蔬菜工厂内,以增加室内空气流动,促进环境因子的均匀分布。尤其在人工光蔬菜工厂内,一般为多层立体栽培,通过合理的气流分布,以保证各栽培层环境因子的均匀分布尤为重要。强制通风操作方便,通风效果稳定,但需要一定的前期投资和维修费用,运行还需要耗能。

第 5 章
蔬菜工厂化生产配套装备

5.1　蔬菜工厂化生产系统与装备发展现状

蔬菜工厂作为高产能、高容积率为主要特征的现代农业生产系统，工作流程有序、作业空间紧凑、产能大幅度提升，是保障食物安全的有效途径和高技术引领的重要方向（杨其长，2023；Tian et al.，2022）。蔬菜工厂是以智能化作业装备为手段，以工业化生产作业为特征，以大幅度提升生产效率为目标的全流程蔬菜工厂化生产技术体系，也是推动我国农业强国建设的重点方向之一（赵春江等，2023）。在蔬菜工厂成套技术装备领域，日本、荷兰、美国、以色列等国家走在前列，机械化、自动化、智能化程度高，正在逐渐向工厂化、无人化或少人化以及垂直空间拓展等多方向发展，并实现全套技术和装备向外输出（郭祥雨等，2020；Shrivastava et al.，2023）。“十三五”规划以来，我国蔬菜工厂化取得了快速发展，在设施装备水平、工厂化种植技术等方面有显著提升，产品产量、品质和效益不断提高（周杰等，2021）。虽然我国蔬菜工厂技术发展很快，但与荷兰、日本等发达国家相比，在硬件及软件技术方面仍存在一定的差距（辜松，2023）。硬件方面，由于作物生长过程的复杂性，蔬菜工厂内自动化装备与农艺的结合还不够紧密，仍需要进一步提升（王明媚等，2023）；软件方面，不同作物生长发育所需要的光照、温度、湿度和营养液等要素不尽相同，同种作物在不同生长时期的环境需求也存在差异，但目前在实际生产过程中，由于缺乏大量的试验数据支持和各类调控模型，我国大部分蔬菜工厂仍以人工经验调控为主体，其时效性、合理性及准确性有待进一步提高（Ahamed et al.，2023；Moraitis et al.，2022）。因此，如何提高生产过程的自动化程度从而降低成本，实现农机与农艺的有效融合，是蔬菜工厂研究发展的重要方向（Popkova，2022）。

近年来，蔬菜工厂智能机器人研究受到广泛重视，目前已实现叶菜类作物从播种、定植，到栽培板上下架，以及采收、清洗、包装等全产业链的自动化作业，逐步实现种植区域无人化或少人化，有效解决由工人进入栽培室内作业而带来的病菌污染、高空作业安全隐患和劳动力成本上升等问题（李宗耕等，2022；Kabir et al.，2023）。根据生产工艺流程，人工光蔬菜工厂作业内容主要包括播种、催芽、育苗、定植/间苗、采收、清洗、包装等农艺操作环节。由于各环节作业区域固定，物流运输成为蔬菜工厂的重要作业模块，主要包括栽培单元在不同作业区间的平面移动和在立体栽培架上的三维移动。与传统种植方式相比，蔬菜工厂可为作物生产提供适宜环境条件，缩短作物生产周期，实现周年多次生产。同时，蔬菜工厂在生产模式上向竖向空间拓展，可实现 20 层以上的超高层栽培，由此导致在蔬菜工厂生产模式下立体搬运作业量大、难度高（季涵涵等，2022）。自动化物流运输系统能实现移栽和收获过程中栽培单元的自动搬运，可以有效减少工作人员作业强度，提高生产效率，降低劳动力成本。同时，自动化物流系统能降低作业人员进出栽培设施内部空间的频次，减少病菌对作物的污染。因此，无人化、自动化的物流运输系统是实现蔬菜工厂生产自动化的关键，也是当前蔬菜工厂智能装备研发的重点方向（李清明等，2022）。

中科三安构建了一套自动化程度较高的 Uplift 全自动化垂直农业生产系统（图 5-1）。该系统包括自动理杯播种机、定植机械手等专用作业机器人，以及无线引导车、物流升降车、立体种植架间穿梭车等全自动化物流系统。该技术系统目前已在我国福建、陕西、安徽等地实现产业落地，自建及商业输出蔬菜工厂面积超过 12 万 m^2，并成功实现向美国、加拿大、日本、新加坡、阿联酋、卡塔尔、沙特、韩国等 20 多个国家出口；在国际上有超过 20 个蔬菜工厂全部采

图 5-1　Uplift 全自动化垂直农业生产系统(中科三安)

用 SANANBIO 的室内蔬菜工厂化成套设备。

中国农业科学院都市农业研究所垂直植物工厂智能装备与光调控联合实验室自主研发的无人化蔬菜工厂超级食物生产系统(图 5-2),配备了全套自

图 5-2　中国农业科学院都市农业研究所无人化蔬菜工厂超级食物生产系统

动化作业机器人、物流系统及智慧监测生产管理系统，可实现蔬菜从播种、间苗到采收、清洗、包装等全栽培过程的自动化操作及高效生产智慧管控。该系统最大特点是通过栽培板空间转运机器人，配合提升机，实现栽培板在不同栽培层内部的精准取放作业。与传统的堆垛机存取方式相比，该系统取放栽培板的作业在栽培空间内部完成，可减少巷道等空间的占比，提升空间利用效率和系统稳定性。基于该系统的全套技术已完成核心装备创制及作业系统测试，于 2023 年入驻全球首座真正意义上的垂直农场。首套生产示范系统栽培高度达 9.2 m，栽培层数达 20 层，100 m^2 栽培面积就可年产叶菜 50 t 以上，是大田生产的 80 倍以上。

此外，由北京市农业机械研究所和北京京鹏环球科技股份有限公司设计的京鹏科技植物工厂（图 5-3）于 2009 年落地建成，是国内较早建立的大型植物工厂。该植物工厂位于北京市通州区，占地面积 1 289 m^2，室内部分为播种区、育（炼）苗区、生产收获区和包装贮藏区四大区域，配有人工光利用型、太阳光利用型、太阳光和人工光并用型等三种不同模式的植物工厂生产车间。上海英植科技有限公司自主研发并建成全自动升降种植系统，该系统设计紧凑，维护成本低，单台自动升降设备可以完成两侧种植架种植板的投放与取出任务，大幅度降低投资成本。同时，通过周边辅助设备配套，可以组成全自动的植物种植生产线（图 5-3）。

图 5-3　京鹏科技植物工厂（左）和上海英植无人植物工厂（右）

5.2 播种机

传统的蔬菜种植模式采用人工撒播为主，需要大量劳动力，同时严重浪费种子，增加生产成本，播种质量低。精量播种机械可以很好地解决当前的技术难题，节约种子，有利于实现蔬菜工厂的增产增效。

1. 机械式蔬菜播种机

机械式蔬菜播种机目前是主流，主要原因是机械式蔬菜播种机结构较简单，制造和维护成本低，性能可靠稳定。按排种器分类，主要有水平圆盘式、倾斜圆盘式、外槽轮式、窝眼轮式、型孔轮式、垂直转勺式、指夹式和带式等30余种，机械式排种器对种子形状、质量要求严格，蔬菜种子较小，采用机械式精播机进行蔬菜播种时要进行丸粒化处理。

我国从20世纪70年代初开始研究精量排种技术，早期主要对机械式精量播种机进行研究。通过引进、吸收、消化，设计出了一些机械式精量播种机。但是由于受到多种因素的限制，我国蔬菜类小粒径作物的精量播种机仍不够完善。近年来，我国学者开始研究机械式精量播种机，其中包括一种异形孔窝眼轮式蔬菜排种器，通过合理布置窝眼（主要包括型孔布置方式、型孔尺寸等）解决传统排种器无法适应蔬菜等小粒种子难以精量播种的问题，并通过正交试验研究了各相关因素对排种均匀性、合格率、漏播率和重播率的影响。所研制的DB-S30系列自走式蔬菜精播机，采外槽轮式排种器，可对丸粒化处理的蔬菜种子进行精量播种。

2. 气力式蔬菜播种机

机械式排种器由于结构及工作原理等不可避免会对种子造成损伤，影响蔬菜后期种植的生产效率。随着规模化生产的不断发展，科研人员研发了一种新式气力式播种机。新式气力式播种机的原理是基于气流的吸力或压力来实现种子精准播种的。通过气泵产生的负压（吸力）或正压（推力）形成气流，利用气流通过排种盘或排种管道，将种子分离并精准控制播种数量和间距，通过气流的精确控制，将种子按预设的深度和位置播入土壤。气力式播种机对种子损伤小，通用性好，对种子尺寸和质量要求不高，播种精度高、质量好、效率高，工作可靠，适合高速作业，因此得到了广泛使用。

5.3 移栽定植机

移栽定植机是一种专门用于将幼苗从育苗容器中移出，并精准定植到种植床或容器中的机械设备。它已经在蔬菜工厂中广泛应用，能够提高效率，降低劳动强度，同时确保种植密度均匀，促进蔬菜生长。

1. 按结构和作用方式分类

按结构和作用方式的不同，移栽定植机可分为自动夹持式移栽机、针式移栽机、旋转式移栽机、履带式移栽机、气动式移栽机等。

(1)自动夹持式移栽机　包括夹持装置、移苗装置、输送带和定位装置。夹持装置模拟人工手抓的动作，将幼苗从育苗盘中高速夹取出后精准放入定植孔中，可以实现连续作业，适应高密度定植需求。适用于蔬菜工厂中的大多数蔬菜幼苗，尤其是叶菜类蔬菜，如生菜、菠菜等。

(2)针式移栽机　由针状移栽头、气压驱动装置和定位系统组成，可将针头刺入育苗块，借助气压将幼苗推出并定植，具有操作精准、不损伤幼苗根系的特点，保证幼苗的移栽成活率。适用于种植苗盘较软或松散的幼苗，如番茄、辣椒等。

(3)旋转式移栽机　包括旋转轮、取苗装置、种植臂和自动调节系统，通过旋转轮的周期性动作，将幼苗均匀分布到指定位置。适用于温室多行、高密度的快速移栽作业，常用于大规模蔬菜种植，如黄瓜、甜椒等。

(4)履带式移栽机　包含履带式输送装置、移苗机构和定植深度调节系统，履带将苗盘输送至移栽位后，机械手或夹爪完成移苗，通过履带调整，可实现不同间距和深度的移栽。适用于需要深埋定植的蔬菜，如茄子、大白菜等。

(5)气动式移栽机　由真空吸附装置、气流控制系统和精准定植装置组成，利用负压吸附将幼苗从苗盘中移出，再用正压释放至定植孔中，具备高精度、高效率的特点。适用于种子或幼苗较小的蔬菜，如叶菜类和草莓苗。

在蔬菜工厂的实际生产过程中，移栽定植机应依据蔬菜种类和生产模式等进行合理选择，利用这些设备可进一步提升生产效率，保证种植精度和种苗的健康生长。

2.按自动化程度分类

按自动化程度的不同，移栽定植机可分为手动移栽机、半自动移栽机和全自动移栽机。

3.按栽植部件持苗及植苗机构的工作原理分类

按栽植部件持苗及植苗机构的工作原理的不同，移栽定植机可分为钳夹式移栽机、链夹式移栽机、吊篮式移栽机、导苗管式移栽机、输送带式移栽机、挠性圆盘式移栽机等。

(1)钳夹式移栽机　由开沟器、栽植器(栽植盘、摆指、转指、扭转弹簧、凸轮和橡胶弹性秧爪等)、镇压轮、覆土器、传动装置和机架等主要部件组成，由地轮或镇压轮驱动。作业时人工将秧苗放在钳夹上，钳夹安装在栽植盘上，秧苗被夹持并随栽植圆盘转动，到达苗床时，秧苗与地面垂直，钳夹打开，秧苗落入开沟器开出的苗沟内，然后覆土，完成作业。该种移栽机结构简单，成本低，株距和栽植深度稳定，但株距调节困难，钳夹易伤苗，栽植速度低。由于是人工喂苗，在低速的情况下，可以保证不漏苗；但在高速的情况下，漏苗率、缺苗率增加，移栽的秧苗容易倾倒，工作效率下降。

(2)链夹式移栽机　由链夹式栽植器(秧夹、链条、链轮等)、开沟器、覆土轮、传动仿形轮、传动装置和机架等主要部件组成。链夹安装在链条上，链夹运动到机具上方时自动打开，人工将秧苗放入链夹上，秧苗被夹持，链夹沿导轨向下运动，到达苗床时，秧苗恰好垂直于地面，钳夹打开，秧苗落入沟中，覆土，完成作业。除传动方式外，其工作原理和钳夹式移栽机相同。

(3)吊篮式移栽机　由吊篮式栽植器、偏心机构、V形覆土轮、滑刀式开沟器、传动装置和机架等主要部件组成。作业时人工将秧苗放入旋转到最高位置的吊篮式栽植器的吊篮内，吊篮式栽植器随偏心圆盘转到最低位置时，固定滑道使吊篮式栽植器下部打开，秧苗落入开沟器开出的沟内，随后覆土，完成作业。吊篮式移栽机是一种适合于钵体尺寸较大的钵苗移栽机,可用于地膜覆盖后的打孔移栽作业,而且秧苗在移栽过程中落地无冲击,不伤苗,特别适用于根系不很发达而且易破的钵苗移栽,但是结构较复杂,生产率较低,喂苗速度不能过高,工作速度受到限制。

(4)导苗管式移栽机　由开沟器、喂入器、导苗管、扶苗器、覆土镇压轮、传动装置和机架等主要部件组成。作业时人工把秧苗放入水平喂苗盘,传动装置带动水平喂苗盘将秧苗喂入倾斜的导苗管,秧苗在导苗管中靠重力自由落到苗沟内,扶苗器对秧苗扶持,同时覆土,完成作业。秧苗在导苗管中的运动是自由的,因此不易伤苗。通过调整导苗管倾角和增加扶苗装置,可以保证较好的秧苗直立度和株距均匀性。导苗管式移栽机的漏苗率低,喂苗的劳动强度小,生产效率高,适应性好,既可以移栽钵苗,又可以移栽裸根苗,但是结构比较复杂,制造成本偏高。

5.4　采收机

蔬菜工厂使用的采收机是一类专门设计的机械设备,用于快速、高效地完成各类蔬菜的采收作业(图5-4)。这些设备通常具有自动化程度高、操作简便、采收效率高的特点,能够有效降低劳动力成本和提高生产效率。

1.按采收蔬菜种类和作用方式分类

按采收蔬菜种类和作用方式的不同,采收机分为叶菜采收机、果实采收机、震动采收机、智能采收机等。

(1)叶菜采收机　采用旋转刀片或水平刀片,精准切割叶菜类蔬菜的根部,并将切割后的蔬菜通过传送带输送到收集箱或收集袋中,适用于生菜、菠菜、甘蓝等叶菜的快速采收。

(2)果实采收机　采用机械手臂或夹钳,通过传感器系统检测果实成熟度,精准抓取成熟的果实类蔬菜,并将采收后的果实送至储存容器,适用于果实类蔬菜,如番茄、辣椒等,可降低人工采摘误差,提高效率。

(3)震动采收机　通过震动技术,使果实或种荚从植株脱落,然后用传送带或收集网将采收物汇聚到指定容器中，适用于茄科或豆科作物的采收。

(4)智能采收机　拥有视觉识别系统和自动操作系统，可通过摄像头和人工智能判断采收目标，用机器人手臂精准采收蔬菜，广泛适用于多种蔬菜的高效采收，特别是在高精度要求的温室环境中。

图 5-4　蔬菜工厂采收机

2. 按收获后的堆放方式分类

按收获后堆放方式的不同，采收机有无序收获、有序收获之分：无序收获品相不如有序收获，但机具简单，效率高；有序收获后的叶菜品相好，但机具复杂。

3. 按收获后菜的形状分类

按收获后菜的形状的不同，采收机分为带根收获、不带根收获：带根收获主要用于大棵青菜；不带根收获主要用于小棵青菜。

4. 按被割叶菜的输送方式分类

按被割叶菜的输送方式的不同，采收机分为风送型、拣拾型、推送型、夹持型、推送加振动复合型：风送型输送方式适用于小叶类蔬菜，如三叶菜；推送型输送方式结构简单；夹持型输送方式可以保证收集到的叶菜整齐有序。

5. 按切割方式分类

按切割方式的不同，采收机分为环形带刀型、往复双动刀型、圆盘刀型：环形带刀型，将环状钢带一侧制成近似三角形切割齿，整个切割系统简单，加工精度低，实用范围广；往复式双动刀型，切割效率高，但制造精度高，易堵塞；圆盘刀型，切割范围窄，且多采用对行收获的方式，适用于切割根系粗壮蔬菜，如大棵青菜。

5.5 立体输送装备

根据导引方式不同，蔬菜工厂物流运输系统中采用的搬运车主要分为测距定位导引、视觉导引和固定路径导引。测距定位导引方式有红外定位技术、超声波定位技术、射频识别技术、蓝牙技术、超宽带技术、无线局域网技术等，但存在精度底、射频干扰、建模复杂等问题；激光雷达导引定位准确，适应性强，但成本较高，并且抗光干扰能力弱。

中国农业科学院都市农业研究所开发的栽培板空间转运机器人（图 5-5）在作业模式上与传统取货方式不同。该系统空间占用极小，可利用栽培架两侧支撑梁作为行走轨道，在作物上方移动。当穿梭车行走至待搬运栽培板上方时，通过抬升装置的抬升，对栽培板及作物进行装载。当搬运至目标位置后，自动将栽培板和作物卸载至目标区位。此外，借助外围搬运设备（提升机、RGV、AGV）可实现在栽培架层间和架间的移动。

图 5-5　栽培板空间转运机器人和无人蔬菜工厂核心装备中试平台

整个系统由行走装置、抬升装置、救援装置、电气控制系统组成。车载控制器采用运动控制型 PLC，用于穿梭车的运动控制和逻辑控制。行走认址装置采用激光测距仪和编码器，编码器分辨率高，在系统中用作速度控制，在绝对认址装置无法使用的场景下，也用于短距定位。激光测距仪定位分辨率可达 0.1 mm，用于反馈穿梭车的实时行走位置，可实现绝对认址条件下的全闭环定位。电源装置使用超级电容作为储能器件为系统供电，充电速度极快，可保证高速连续作业率。超级电容通过集电器从充电极板上取电，集电器安装于穿梭车顶部，充电极板安装于营养液槽下方，充电极板采用半封闭设计，集电器与充电极板对接后，充电极板四周的橡胶封套可保证导体不外露，从而保证密封绝缘。超级电容与集电器间使用接触器分断，仅在充电过程中接通，可以有效避免溅水可能导致的短路隐患。无线通信装置为无线客户端，用于车载 PLC 与上位机的通信，交互传感器用于信号采集、状态判断和故障校验，外露传感器均达到 IP67 及以上的防护等级，其中光电传感器为耐环境型，可以有效抗人工光源的强光干扰。

中科三安 Uplift 的垂直输送系统由无线引导车、物流升降车和立体种植架间穿梭车组成。穿梭车在立体种植架巷道间运动，可对左右两侧的种植单元进行取送作业，物流升降车负责将穿梭车置于目标种植架的作业层，种植单元依靠无线引导车完成在立体种植架与其他作业环节之间的输送，不设固定输送线，设备占地小。穿梭车在立体种植架层间进行往复运动，可在目标层取放任意位置的种植单元，输送灵活度高。

大阪府立大学采用机械方式进行种植单元输送（图 5-6）。该系统采用升降车在立体种植架间作业，针对左右两边种植架不同层、不同位置的种植单元进行取放。输送作业为往复输送形式的仓储物流输送模式，优点是取放位置灵活，可以对立体种植架任何位置实施输送作业；缺点是左右取放机构较复杂，往复运动路程大，输送作业效率不高，需要适应多组立体种植架，升降车轨道较为复杂。另一种模式即在立体种植架端头设置种植单元输送线与升降机相连，针对每个立体种植架形成 1 组种植单元立体输送线，每个立体种植架上种植单元的输送与取放依靠 1 台穿梭车及 1 台升降机，在立体种植架地面端头与各层不同种植位置之间往来取放，输送为先进后出的递进输送形式，只能在每层的端头输入和输出，不能在任意位置取放。

图 5-6　大阪府立大学蔬菜工厂立体输送装备

加拿大 Urban Barns Farming 采用链条输送形式(图 5-7)，整体移动所有种植单元，在垂直面内形成蛇形轨迹，种植单元固定在整体运动的链条上，根据链条上种植单元的间距，链条可进行脉动式移动。叶菜采收一般采用先入先出的递进模式，也可以进行跳跃式种植和采收。此种模式原理不复杂，控制简单，驱动动力要求也不大。但是，由于运动部件多，故障率相应提高，并且一旦其中一个小环节出现问题，需要停止生产作业，检修空间不大。另外，与自动化播种与采收装备对接不太方便。

图 5-7　加拿大 Urban Barns Farming 蔬菜工厂

5.6 分拣包装系统装备

分拣包装系统装备集计算机视觉、数字信号处理、模式识别和自动控制等多学科技术于一体，充分利用光-机-电一体化的优势提高设备的综合性能；该设备由计算机视觉系统、信息与图像处理系统、快速分级系统、机械输送系统和自动控制系统等部分组成，并可根据用户要求，配套对果菜的清洗、喷蜡、抛光等辅助设备；可以根据采收要求，对蔬菜多个指标进行综合评价，并按照国标要求对产品器官的大小、形状、颜色、部分缺陷等进行动态检测与分级；同时，采用多表面多图像融合处理的方式对产品器官实施检测。在检测过程中，由输送系统实现连续翻转，视觉系统全方位采集果蔬表面信息，有效提高分级精度；视觉系统采用高分辨率逐行扫描摄像机进行图像采集，在高速动态检测中保证采集到图像清晰、完整的表面信息，大大提高分级的精度和可信度。

第 6 章

蔬菜工厂化智慧决策系统与装备

6.1 蔬菜工厂化生产智能传感器

6.1.1 蔬菜工厂化生产智能传感器特征

20 世纪 70 年代末，美国宇航局将传感器与微处理器结合在一起，智能传感器由此诞生。传感器与微处理器有机结合，使传感器具备信息采集和信息处理功能，呈现出初级智能化的特征。随后，通信技术和半导体技术的发展，智能传感器加载通信芯片、驱动程序和软件算法构成多元件集成电路，实现智能传感器的信息交换和存储等功能，推动智能传感器由最初数字化阶段发展到智能化应用和网络阶段（图 6-1）。

1. 蔬菜工厂化生产智能传感器的特征

与传统的传感器相比，蔬菜工厂化生产智能传感器的特征表现如下：

（1）自校准/诊断　自动校正整体系统的非线性误差，保证智能传感器高精度传感。

（2）自补偿　环境参数改变导致传感器产生基线漂移，实时根据测量参数变化改换量程，自我检验、分析、判断采集数据可用性，保证智能传感器信息感知的高稳定性和高可靠性。

（3）自降噪　通过运行设定多数据融合算法消除传感噪声，提高多参数

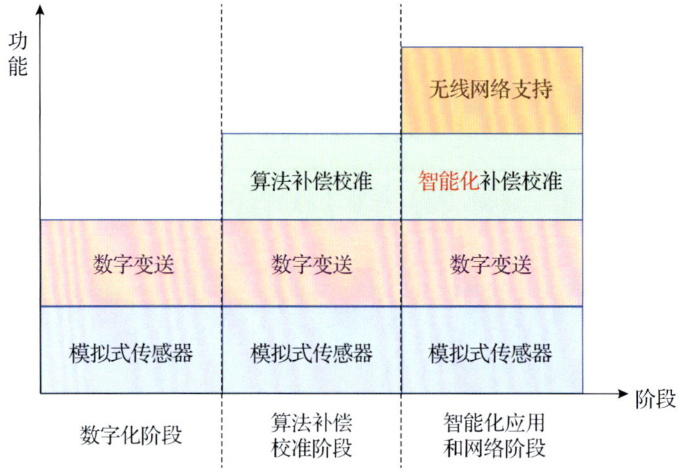

图 6-1 智能传感器的发展历程

下多单一参数测量的分辨率，保证智能传感器信息感知的高分辨率。

(4)自决策　根据测量环境和能耗情况调节数据采集和传输速度，保证智能传感器低能耗、高效采集和传输数据。

(5)高性价比　采用廉价的集成电路工艺和强大的程序算法实现高性能，保证智能传感器高性价比。

2. 蔬菜工厂化生产智能信息感知实现途径

蔬菜工厂化生产智能信息感知实现途径有三种：

(1)模块化(非集成式)　将传感器、信号调理电路和带总线接口的微处理器组合在一起，形成系统模块。

(2)集成化　采用微机械加工(MEMS)和大规模集成电路组合成一个整体，基于 MEMS 技术集成的传感器通常具有小尺寸、低功耗的特点，还具有数据记录的功能，是实现信息感知智能化的有效途径。

(3)混合式　根据需要，将系统各个环节，以不同组合方式集成在数块芯片上，并封装在一个外壳中实现智能感知功能。

6.1.2　蔬菜工厂化生产智能传感器构成

作为信息化时代感知层的关键技术，智能传感器在蔬菜工厂化生产系统中具有独特的作用与功能。蔬菜工厂化生产环境较为复杂，多目标监测需求下，通常需要多个传感器单元，高度智能化下控制单元具备对传感器数据进行数字转换、数据处理、数据存储等功能，通信单元作为智能传感器与外界通信的接口，负责与外部网络的信息交互（图 6-2）。在智慧化感知与决策背景下，配套的智能算法更是实现蔬菜工厂传感器智能化的关键。

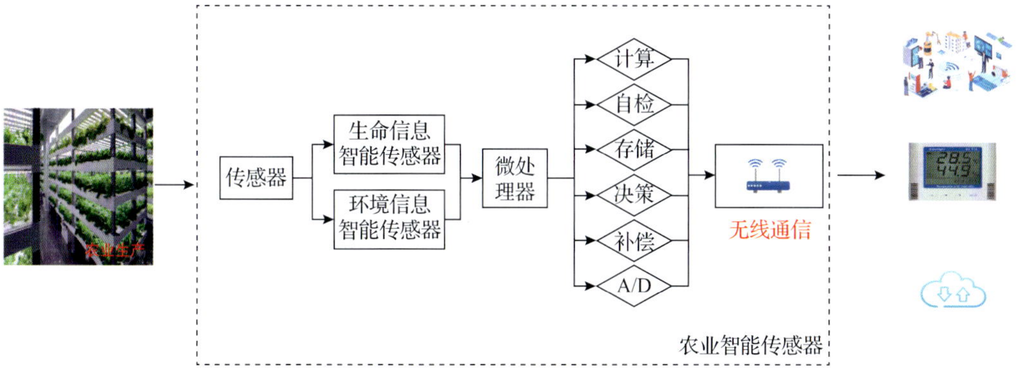

图 6-2　蔬菜工厂化智能传感器系统构成

根据智能传感器检测对象的不同，大致分为生命信息智能传感器技术、环境信息智能传感器技术。生命信息智能传感技术是指对动植物生长过程中的生长信息和生理信息进行感知的智能传感技术。植物生长信息和生理信息的检测传感器主要包括植物茎秆直径、植物径流、植物叶片叶绿素含量、植物叶片厚度、植物归一化植被指数等智能传感器。环境信息智能传感器技术是指对植物生存所需的环境要素进行监测的智能传感技术。环境信息智能传感器主要包括土壤（基质）类、气象类、水体类等智能传感器。土壤（基质）类智能传感器应用于土壤或基质温湿度、电导率、酸碱度、氮磷钾养分、农药含量等监测。气象类智能传感器应用于环境温湿度、O_2 浓度、CO_2 浓度、NH_3 浓度、光照度等监测。水体类智能传感器应用于水体温度、酸碱度、溶氧、电导率等监测。低成本、小型化、高精度、多参数、寿命长以及集成感知等功能是目前环境信息智能传感技术的研究重点。

1. 植物生理信息智能传感器

植物的含水率、叶绿素、植物茎流、植物叶片厚度、植物茎秆直径等代表植物生长和生理信息，其检测/监测有助于获取植物的生长和生理状态，对植物的生长进行评价，为蔬菜工厂化生产管理提供科学依据和指导建议。目前对植物生长和生理信息采集主要采用的是基于光学的智能传感器技术。例如，采用光学传感器配合 STC12C5A60S2 单片机，研发出植物叶片叶绿素含量检测仪，具有便携、无损测量、可视化、测量误差小的优点，测量响应时间小于 2 s。以近红外光谱分析技术为基础，采用 AT89C52 作为控制核心，使用 TCL7135 实现模数转换功能，设计出便携式的玉米叶片含水率检测仪，测量误差小于 0.2%，具有装置体积小、测量精度高和稳定性好等优点。利用压力传感器和单片机实现对植物叶片厚度信息的无损自动测量，测量最大相对误差为 0.42%，所构建的仪器具有可视化、自动化测量、高精度、人机交互等智能化特点。浙江大学智能生物产业装备创新团队采用自主研制可穿戴的柔性植物径流传感器，结合无线通信模块，实现对植物茎流的无损在线实时监测。智能传感器技术是实现无土栽培监控系统的关键，温湿度、光强、pH、营养液浓度、二氧化碳传感器等集成，加载无线传感器网路和智能算法便可实现，便于使研究者获取无土栽培关键参数。

2. 气象环境类智能传感器

对 CO_2 浓度、O_2 浓度、NH_3 浓度、光照、温湿度等气象环境信息的监测，有助于调控改善农作物生长环境。蔬菜工厂化往往更需要实时监测设施内的气象环境信息，来维持最适宜作物生长环境。吉林大学采用 S300 红外二氧化碳、光照度和温湿度传感器，STM32F103R 微控制器和 NR24L0 无线通信模块，研发出温室环境信息智能传感器，智能传感器将数据上传至基于 LabVIEW 设计的上位机终端，即可实时监测温室大棚内的环境信息。采用光照强度、空气温湿度、CO_2 浓度、土壤水分和 pH 传感器，C8051F350 微控制器和 ZigBee 无线通信模块，实现对作物生产过程环境信息的监测、存储、分析等操作，具有低成本和通用性的优点。采用土壤温湿度、光照、土壤电导率、pH 和空气温湿度传感器，EFM32G222F128 微控制器和 LoRa 无线通信模块，设计出监测作物生长环境信息的智能传感器。采用酸碱度、电化学传感器，光照度、湿度、CO_2 浓度、水位、定时器等传感器，Arduino 微控制器和 WRTnode

无线通信模块，研发出监测气雾栽培环境信息的智能传感器，可以减少气雾栽培中人工监视和控制过程的复杂度，提高气雾栽培的可靠性和可用性，为植物学家提供植物生长与营养参数和生长环境相关的信息。

6.2 机器视觉系统与装备

机器视觉系统利用计算机来模拟人的视觉功能，从客观事物的图像序列中提取信息，进行处理并加以理解，最终用于实际检测、测量和控制。该技术优势在于以非入侵方式进行检测，对植物无损，相对于化学或物理测量方法，具有实时、快速、低成本的特点，同时可自主长时间作业。因此机器视觉技术对促进蔬菜工厂自动化生产具有重要意义。

蔬菜工厂中的机器视觉经典系统组成如图 6-3 所示，主要分为图像获取层、处理决策层和任务执行层。图像获取层采集影像数据，并将其转化为图像信息传输给处理决策层以备处理分析，主要部件包括光源、待测物体、光学系统、图像采集卡等。处理决策层通过各种运算获取目标的特征信息，并根据预设参数或内部数据库进行决策，然后向执行层发出指令，其主要部件为计算机系统；任务执行层多为机械模块，根据上一层指令执行作业任务，如自动调节温室环境、控制营养供给等，包括机器人系统、环境调节系统和营养供给系统等执行机构与装备。

6.2.1 植物生长状况监测

通过图像处理提取出与植物健康状况相关的参数信息，能够为管理决策提供支持。快速检测和决策往往能够规避风险，降低经济损失。在传统的温室生产中，环境调控是基于人的观察或预设的参数，而不是根据植物的特定需求。机器视觉的优势在于可以连续、动态地进行检测，并分析植物的特定需求，然后按需补给。在植物生长状况监测方面，机器视觉应用主要集中在植物形态表征、病虫害检测和养分胁迫检测三个方面。

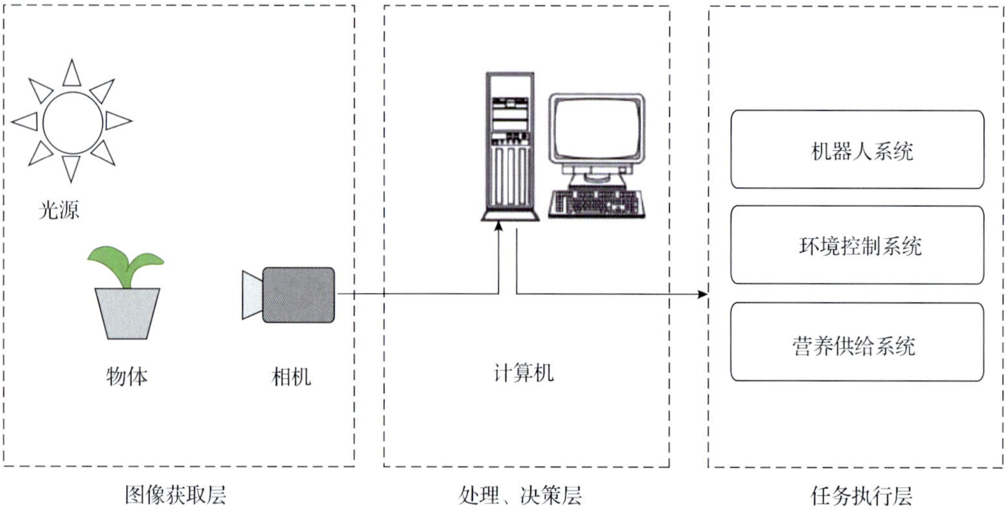

图 6-3 植物工厂中的机器视觉系统组成

1. 植物形态表征

植物生长参数是实现蔬菜工厂精准控制的重要决策依据，通过机器视觉获取叶面积、叶片形态、植株高度、生长速率等关键生长参数，可分析植物生长状况、建立植物生长模型等。

为判断钵苗是否到了移栽阶段，结合 HSI 颜色空间中 S 分量与最大类间方差阈值分割算法对钵苗图像进行分割，采用顶点链码主轴法、最小外接矩形算法计算钵苗高度，同时提取钵苗骨架，基于角点直线拟合算法计算钵苗信息，综合高度和直立度来判断钵苗移栽适合度。该项研究中没有实现植株图像采集自动化。为此设计了一种基于机器视觉的植物工厂巡检机器人，可以自动提取单株目标植株图像，并估算植物叶面积。上述研究基本上只针对植物生长参数的获取，并没有将这些信息融合到环境智能控制决策中去。孙国祥采用 MExg-ExR 分割算法提取黄瓜群体冠层覆盖率、冠层幅长和冠层幅宽等信息，并结合传感器检测得到的空气温湿度、土壤含水量等信息，将这些数据融合作为决策输入量，设计了温室黄瓜肥水一体化智能灌溉系统。

蔬菜工厂按其光环境可分为人工光照型、自然光照型、人工光照与自然光照合用型三类。一些算法处理自然光下采集的植物图像时具有很好的鲁棒性，但是在面对 LED 蔬菜工厂中的人工光（偏色或者近植物色）时却经常会失效，偏光现象往往导致常用的背景减除算法前景、背景分离不完整，出现孔洞等。因此，采用 Kubelka-Musk 理论来解决人工光偏色引起的检测失效问题，结果并不理想。

植物表型精度是一个需要注意的问题。现有算法在植物表型精度方面仍是未知的。此外，植物在相同生长条件下，其植株参数具有变异性，单株植物生长参数不具有代表性，不适合作为蔬菜工厂控制系统的决策依据，因此目前迫切需要研究在线无损检测植物群体生长参数的方法。

2. 病虫害诊断

病虫害是威胁植物健康的主要因素，如果防控不及时就会造成难以挽回的损失。获取病虫害动态变化信息是综合防控的重要基础，传统方法大多采用人工定时查看病虫害发生情况，不仅费时费力，而且受主观因素影响较大。随着机器视觉技术的引入，该问题得到了很好的解决（图 6-4）。

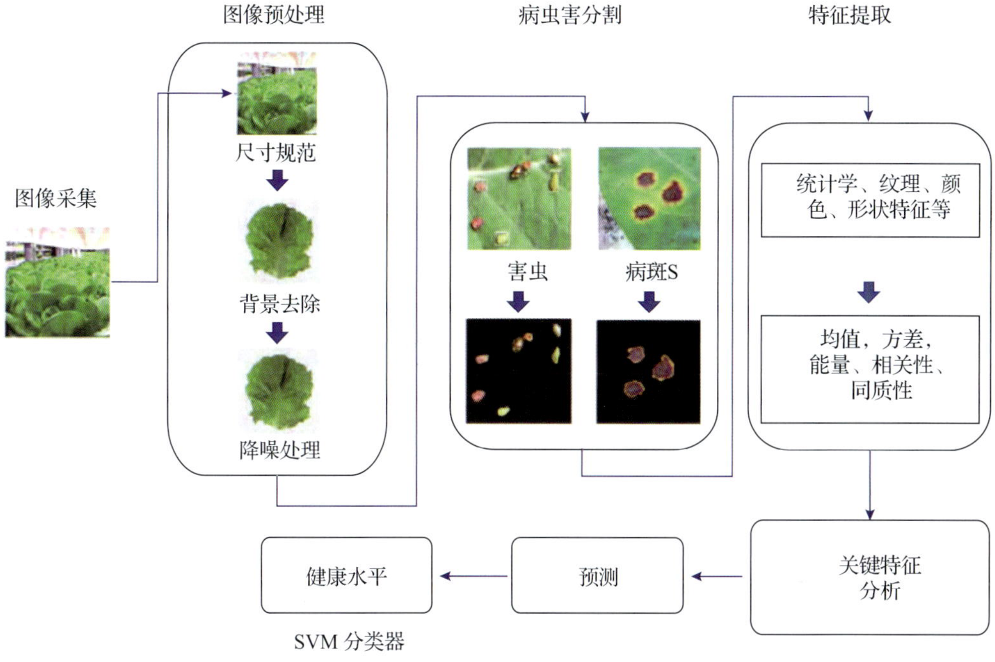

图 6-4　病虫害诊断过程

机器视觉技术诊断病害的过程为以下五步，分别为图像预处理，病斑分割，病斑颜色特征、形状特征、纹理特征提取，模型，病害识别。通过 P2P 实时监测和数码相机结合的方法采集番茄叶片图像，采用 Sobel 算子对前景和背景标注后进行分水岭算法分割病斑，通过 BP 网络和 GA-BP 网络建立了番茄病害识别模型，该方法对早疫病、晚疫病和叶霉病识别率分别达到了 100%、98%、96%。采用条件随机场（Conditional Random Fields, CRF）分割方法和决策树模型扩展一元势函数提高黄瓜霜霉病分割精度，采用粗糙集算法优化选择分类特征，最后构建支持向量机来识别与诊断温室黄瓜霜霉病，准确率达到 90%。研究表明，通过提取黄瓜叶部白粉病病斑的颜色、形状特征，运用径向基核函数进行支持向量机的训练与检测，或基于支持向量机对黄瓜常见的褐斑病、霜霉病、炭疽病进行识别，平均识别率达到 96.39%。由此可见，该技术对病害检测效果较好。

在采集图像时，蔬菜工厂中的照明条件、遮挡、颜色相似性等因素会导致图像分割效果不佳，最终影响病斑识别准确率。针对这一问题，使用无线视觉传感器网络获取植物叶片图像，然后使用随机森林和霍夫变换算法提取病斑。在该方法中，随机森林的学习特性与霍夫变换的检测特性很好地结合在一起，从而避免了图像照明条件、遮挡、颜色相似性带来的干扰，提高了霉菌识别准确率。

上述方法建立在植物叶片出现明显病变特征的基础上，这种情况下，病害已经造成了作物品质、产量等不可逆转的损害，所以，提前预判病害发生则是未来的热点研究方向。叶片湿润时间（Leaf Wetness Duration, LWD）被认为是许多植物叶部病害侵染和流行的主导因子之一，蔬菜工厂环境下，植物的蒸腾作用、栽培基质和营养液的蒸发等使得空气湿度较大，这种高湿环境下叶片湿润时间长是普遍现象，从而导致霜霉病等病害多发。叶片湿润时间是一个渐变的过程，通过人工观测比较困难。基于 L*a*b* 颜色模型，用 K-means 分割算法计算黄瓜叶片图像中有水部分的像素面积占整个叶片像素面积的比例，计算叶片润湿时间。该方法监测结果和人工观测结果相差不到 1 h。

虫害是威胁植物健康的另一重要因素，蔬菜工厂中的害虫主要有蚜虫、白粉虱、蓟马等。害虫具有虫体小、迁飞性、隐蔽性（常于叶片背部为害）等特点，很难通过相机直接捕捉，一般通过粘虫板捕获害虫后，通过对粘虫板图像信息进行处理，实现对害虫种类、数量信息的监测。

利用Prewitt、Canny算子分别在HIS和L＊a＊b＊颜色空间的二值图像上进行单头害虫边缘检测，然后融合这两幅二值图像完成害虫区域的提取，根据白粉虱和蓟马成虫的形态、颜色、纹理特征，选取了害虫的9个颜色特征、5个形态特征作为表征虫害的特征参数，最后基于支持向量机进行分类，该模型的害虫平均识别准确率达到了93.5%，但是这种方法准确率受光线影响较大，图像采集要求较高。为此，有人提出一种基于二维傅里叶变换(2DFT)光谱分析方法，这项研究中将粘虫板上的虫子看作图像的一种噪声，而二维傅里叶变换作为一个特定的噪声收集器，然后采用光谱分析法构建用于虫子计数的算式。试验得出，该方法结果与人工清点结果的相关系数R^2均在0.99以上，相对误差值均在±4%之内。这些研究存在的一个问题是需要人为更换粘虫板，效率低，而且打破了整个监控系统的智能化、无人化。因而一种自动更换粘虫板的害虫监测系统被研发出来，该系统可实现粘虫板的自动更换，有效提高监测效率。

害虫发生时再施药进行防治并不是最好的策略，目前主流的思想是“预防为主，综合防治”。虫害的发生往往与环境因素有很大关系，因此可以大量收集作物营养状况、环境数据、病虫害发生情况等动态信息，对这些数据进行深度分析和挖掘，构建病虫害发生预警模型，从而实现虫害提前预测。

3.养分胁迫检测

采用机器视觉技术检测植物营养胁迫可以“让植物说话”，以植物自身的变化作为调节其生长环境的依据。应用机器视觉技术提取黄瓜叶片和生长点的颜色、纹理特征，确定特征量与养分含量间的关系，从而达到诊断和监测作物长势的目的。使用N-DHRIO算法，结合人工神经网络检测苔藓含水率，实现系统的水肥自动管控，同时以生菜冠层的颜色、纹理特征为基础检测生菜不同部位的光照需求，从而推荐适宜的光照强度调控参数(Hendrawan and Riza，2016)。生菜顶部冠层面积作为形态特征，色相、饱和度、亮度作为颜色特征，熵、能量、对比度、同质性作为纹理特征，来评估早期生菜中钙缺乏情况，该方法相比于人类视觉能够提前1天预测植物是否缺钙（Lu et al.，2023；Story et al.，2010）。上述研究均采用RGB相机采集植物图像，但RGB图像所包含的信息是有限的，因此有研究者使用三种不同的图像获取方法进行矫正。第一幅图像来自RGB相机，可识别生菜植物的颜色、形态和纹理特征（Martins et al.，2021）；第二幅图像来自NIR相机，可以推断植被指数；第三幅图像来自热成像仪，可以识别植物温度的热图像。三种图像融合使用便可实时诊断植物冠层整体健康水平和生长状况，实践证明该系统能够在人类视觉检测前2 h探测到植物水分胁迫状况。

虽然机器视觉可先于人类视觉捕获到植物胁迫信息，但其精度如何却是未知的。以番茄和甜椒为对象，采用高光谱得到氮、磷、水分的特征光谱，通过机器视觉技术获取作物的冠幅、株高、茎粗等特征，结合化学分析和长势数据建立营养、水分胁迫与长势关系的预测模型。该模型将高光谱信息、图像信息、化学检测结果三种数据相融合，相比于单一信息建立的模型预测精度更高。

上述研究结果表明，通过机器视觉可以有效检测植物养分胁迫，并且比人类视觉观测更及时。为了进一步提高视觉检测营养胁迫的精度，通过化学分析结果来反演精度高的检测模型是非常重要的。

6.2.2 机器人辅助技术

视觉技术对于机器人而言就如同眼睛对于人类一样重要，是机器人信息获取的重要手段，对于蔬菜工厂机器人而言主要体现在导航和靶标识别与定位。

1. 视觉导航

视觉导航用摄像头对机器人周围环境图像进行采集、分析，然后规划路径，从而完成机器人的自主导航定位功能。这种方法成本低，精度高，获取信息丰富，适合在设施环境下为机器人导航。

基于机器视觉的技术原理，众多研究者开发了导航路径检测算法，其中最常用的是霍夫变换、最小二乘方法和双目立体视觉等。霍夫变换具有良好的抗干扰能力，可以减少导航点误差的影响，提高导航路径的拟合精度，但是由于算法运行缓慢，难以满足实时性要求。最小二乘法是一种数学优化技术，它通过最小化偏差平方和来找到路径的最佳函数匹配，是作物行提取的常用方法，但是在错误点很多时返回的结果不准确。双目立体视觉技术是一种通过两个相机获得两个图像视差并通过一系列投影逆变换来生成图像对象的三维信息的技术。实际上，两个相机难以同步，因此立体视觉算法的计算通常更加复杂，并且实时性也较差。针对算法运行慢、易受干扰的问题，基于光学系统的中点霍夫变换算法被提出。该方法使用改进的灰度因子和 Otsu 方法对土壤和植物进行分割，然后基于二值图像白色像素点的相对坐标中心提取导航点，最后通过中点霍夫变换拟合导航路径。改进的霍夫变换比传统的导航方法快 45.24 ms，平均精度比最小二乘法高 5.1°（图 6-5）。

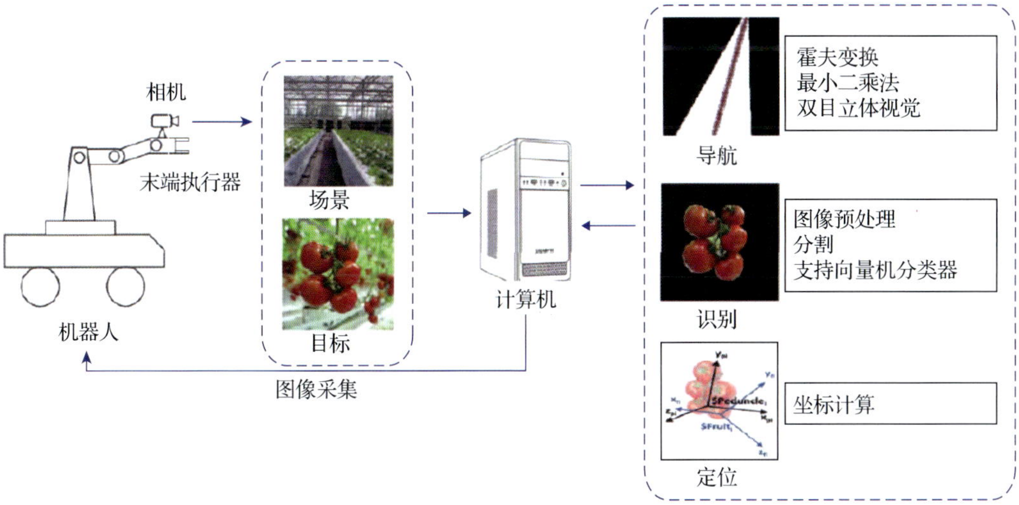

图 6-5　机器视觉辅助作业原理

受遮挡等因素影响，蔬菜工厂中光线变化较大，会对视觉导航精度造成影响。为解决视觉导航易受照、阴影干扰以及识别实时性差的问题，采用 K-means 算法对图像进行聚类分割，再用形态学腐蚀方法去除聚类后图像的冗杂、干扰信息，最后用 Canny 算法检测道路边缘。该方法可适应不同的光照条件，与常用阈值分割方法相比，道路提取率高，耗时低。

上述研究均只是针对行间直行导航进行的研究，但是在道路尽头转弯处，机器人导航存在效率低、偏差大的问题。就以上问题，设计出QR码导航方法，机器人通过识别贴在转弯处的存储有导航和决策信息的QR码，便可完成转弯处的迅速精准导航要求。结果表明，机器人行驶速度在2.0 m/s时，QR码的最大导航偏差为3.5 cm。

2.靶标识别与定位

靶标识别是将植物与背景分离或将果实与植物的其余部分分离的过程，这项任务是机器人自动完成果实采摘、幼苗移栽等作业任务。同时，进行地球坐标系、相机坐标系和机器人坐标系之间的转换来获取靶标空间坐标信息，以备机器人执行末端作业。然而，出于多种原因，机器视觉在进行靶标分割时仍具有一定的挑战性。

采用单连通域分析算法提取每个孔穴中幼苗的叶片面积，并根据此特征对幼苗进行分类，判断出适合移栽的幼苗，并对其定位，其中幼苗准确识别率达到98%以上。由于栽培环境、苗种质量、机械损伤等不确定因素的影响，育苗盘会产生无苗穴，要实现智能的补植工作，就需要准确识别出接插盘中的无苗空穴。有研究进行了幼苗准确识别研究，通过分割育苗盘方格，计算幼苗叶面积，设置阈值来检测无苗空穴并定位，该系统识别精度高，补植效果较好。为使采摘机器人稳定作业，采用脉冲耦合神经网络分割黄瓜图像，基于最小二乘法支持向量机(LS-SVM)识别黄瓜，对70幅图像进行测试后发现，正确识别率为82.9%。

然而，并不是所有的靶标识别都很成功。不同的照明条件可能导致靶标外观的颜色发生变化，同时当靶标颜色与背景颜色相似时，识别问题将变得更加困难。在这些情况下，一些研究者提出了基于靶标纹理特征和形状特征进行分割的方法，这些方法都需要为定义的特征值选取阈值，所以计算结果受阈值影响较大。用统计方法来提取图像特征是一项重要且实用的技术，其特点在于以统计方式对图像进行建模，从统计角度找到具有最大概率的像素集合。结合条件随机场(CRF)和潜在狄利克雷分配(LDA)两种算法，提出了一种无监督条件随机场图像分割算法(ULCRF)，该算法中，LDA的分割结果被用作CRF的初始标记，再利用CRF来反映不同类别像素之间的差异

(Zhang and Xu,2018;Tian et al.,2022;田志伟等,2022)。该算法可以对温室植物图像进行快速分割,并进一步对图像中的植物器官(水果、叶和茎)进行分割,且分割精度较高。

机器视觉技术可应用在蔬菜工厂化生产的许多场景,帮助解决当前生产中面临的实际问题。该技术在信息获取方面具有突出优势,已成为推动蔬菜工厂化产业发展的有力武器。虽然视觉技术的应用效果仍旧面临一定的挑战,但是随着计算机技术的发展,深度学习技术的结合以及相关算法的更新,机器视觉技术将变得更加高效和可靠,从而推动植物工厂全面智能化发展。

6.3 蔬菜工厂化生产智慧管控系统

蔬菜工厂化智慧管控系统可以实现蔬菜作物从选种、育苗,到生产管理、订购销售、物流配送、质量安全溯源等产、供、销全链条高效感知及智能可控,促进传统生产向智慧化高效生产转变。利用温度、湿度、光照、CO_2、根际营养与环境等多种传感器对蔬菜的生长过程进行全程监控和数据化管理,并通过控制器对生产过程中环境要素、营养要素以及生长调节剂等进行精准管控;同时,结合 RFID 电子标签对每批种苗来源、等级、培育场地以及在培育、生产、质检、运输等过程中具体实施人员等信息进行有效、可识别的实时数据存储和管理,以提升农产品质量安全标准及可追溯性,从而让老百姓能够吃上放心菜。

6.3.1 智慧管控系统设计

蔬菜工厂智慧管控系统(图 6-6)采用"互联网+"蔬菜智能感知与智慧决策相结合的系统设计,以物联网技术为支撑点,通过环境、营养、生物等多种信息传感器进行综合参数的全面采集,以及信息的可靠传输与智能处理,实现对蔬菜工厂的自动化、智能化、网络化智能管控,以改善单纯靠人力经验管理的局面,提高蔬菜工厂的生产效率(Wang,2023)。

蔬菜工厂智慧管控系统主要基于物联网体系架构,采用三层结构设计,在

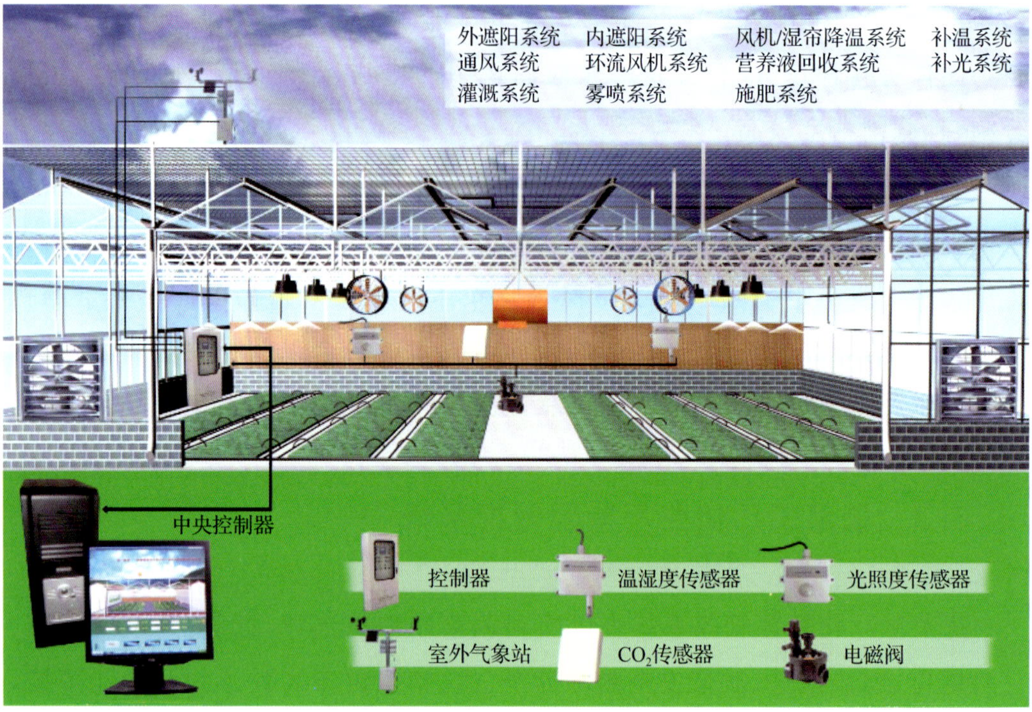

图 6-6　蔬菜工厂智慧管控系统

硬件上主要由传感器、现场控制器、集控计算机和执行机构组成。通过设计安装相关传感器，获取蔬菜工厂生产环境和作物生长参数，构成现场控制系统，并通过以太网接入局域网络，与集控系统的集控计算机组成分布式控制结构。基于物联网体系架构的智慧管控设备系统，整体采用应用层、传输层、感知层的三层结构设计，通过在生产现场实时监测，精准采集影响作物生长的“水、肥、气、热、光”五大方面环境信息，给出各种蔬菜栽培过程最佳生物学模式，以典型蔬菜品种智能控制为目标，形成决策依据，建立控制模块，实现云联网精确控制。

1. 监控系统

蔬菜工厂监控系统包含环境实时感知、装备管理终端、通信终端及传感网络。

（1）环境实时感知　该单元由无线采集终端和各种环境信息传感器组成。环境信息传感器监测空气温湿度、光照强度、土壤（基质）水分温度、EC、 pH、CO_2浓度等多种环境参数，通过无线数字化智慧管控技术采集终端，以ZigBee组网方式将采集数据传输至监控中心。

(2)装备管理终端　智能调控单元由温湿度调控装备，包括内遮阳、外遮阳、风机、湿帘、水泵、顶部通风、电磁阀等设备，以及水肥管理装备，主要包括灌溉机组、变量施肥机、测控模块、电磁阀、配电控制柜及安装附件组成，通过安全可靠的总线与管理监控中心连接，也可通过开放的OPC技术与其他装备管理系统连接。

(3)通信终端及传感网络　设施环境下无线传感通信网络主要由设施内部感知节点间的自组织网络系统以及现场管理中心通信网络系统两部分组成。前者主要实现传感器数据的采集及传感器与执行控制器间的数据交互。设施环境信息通过内部自组织网络在中继节点汇聚后，将通过现场管理系统中心的通信网络实现对设施环境信息的监控。

2.现场管理系统

现场管理系统包含数据处理融合部分和管理策略部分。数据处理融合主要用于对监控系统交互过来的环境感知信息、调控设备工作状态信息进行有序存储、查询和初步逻辑处理。管理策略则根据作物周年生长数据，查找比对环境调控策略和水肥耦合调控策略，根据传感器测量的各项参数值和系统预警信息，确定水肥药合理供给策略，并通过控制水肥耦合灌溉系统，实现水肥精确智能管理。

3.安全生产管理门户

通过与现场管理系统的数据交互、转发，取得现场设施作物生长过程中的环境、安全、装备管理信息，结合专家诊断与大数据挖掘分析，建立自主学习规则，根据作物生长规律和周年调控信息，优化现场设施管理策略。系统中植入周年栽培关键技术信息，跟随作物生长周期，不断调控环境参数，并对设施环境不利于作物生长的因素进行预判，对有可能产生重大影响的关键因子，进行不间断监测，形成整个生长周期的动态预警。同时，该安全生产管理门户对现场出现的异常信息进行综合评价，对不良趋势进行预警，提高设施安全生产的可靠性。蔬菜工厂设施监控系统示意图见图6-7。

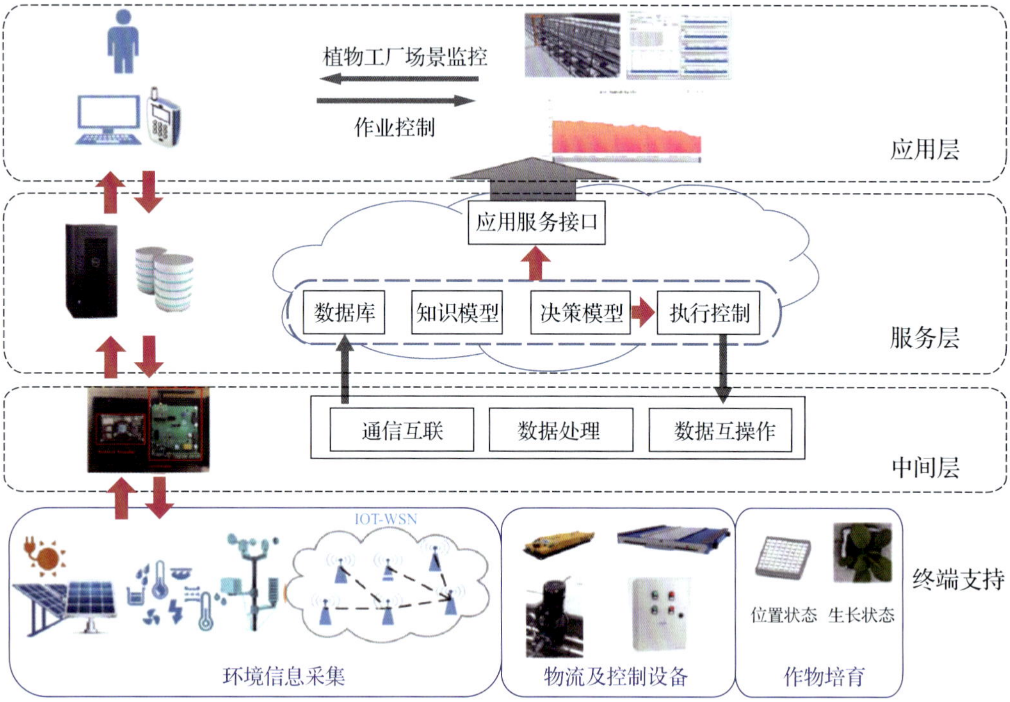

图 6-7　蔬菜工厂设施监控系统示意图(方锐,2020)

6.3.2　数字化智慧管控技术

随着信息化进程的加快,大数据、物联网等技术逐渐在农业领域得到广泛应用,其中元数据管理、虚拟现实、自动化和智能化、机器人等更是成为推动数字农业未来发展的关键技术(Halgamuge et al.,2021)。

温室物联网技术是以引领温室作物向高产出、高效益、安全优质、低碳环保方向发展为宗旨,以现代物联网技术应用为手段,通过解决与完善作物生长环境因子的传感器检测与网络化传输、作物生长过程的优化控制、作物生产过程的现代化管理、溯源数据的标准化等关键技术,构建温室生产管理物联网技术与服务体系,达到温室生产的标准化、工厂化(Ardiansah et al.,2020;Raj and Ananthi,2019)。

根据农业物联网技术体系,将农业物联网架构划分为信息感知层、信息传输层、信息处理层和应用层。其中,感知层主要是利用各类传感器、PFID、

RS、二维码、条形码等采集如土壤、作物长势等各类农业信息。网络层则包括现有的网络基础，如无线网络、移动互联等，将感知层采集的信息，以多种通信协议传输到应用层；同时，将应用层的控制命令传输到感知层，使感知层的相关设备采取相应动作，实现"联网"。处理层包括公共处理平台和具体应用服务系统，主要完成农业生产过程的智能控制、智慧决策、诊断推理、预警、预测等核心功能，然后通过各类应用系统实现农业生产的全过程网络监管。应用层包括对感知层所获取的温室内外气候和土壤环境信息、作物生长信息进行数据管理，并利用作物环境模拟、智能控制、专家推理、智能决策、云计算、深度学习、大数据等方法对设施作物、环境、病虫害、土壤和水肥等信息进行处理，为温室作物生长和环境控制提供支持(Akbar et al.，2024；Zhang et al.，2021；Tawfeek et al.，2023)。

6.3.3 数字化智慧管控技术的应用

1.蔬菜工厂环境智慧测控系统

通过无线传感器网络组网采集温室环境信息，如空气温度、空气湿度、土壤温度、土壤湿度和CO_2浓度等，通过汇聚节点和网关进行处理，并通过移动通信网络或有线网络方式传输至服务器平台，再由服务器平台对所感知的信息进行存储、管理和处理；基于所获取的瞬时环境信息数据，服务器端调控决策模型将根据当前的环境信息进行参数优化，并将优化结果通过网络传输至现场执行端进行温室远程调控。

2.蔬菜工厂智能网关与管理系统

根据温室栽培作物种类、环境监测参数、控制设备参数等的差异，构建异构网络的智能网关技术极为必要，如建立一种基于 WinCE 系统的可配置 WSN 网关体系结构(ReGA)，在完成监测数据和控制指令转发的基础上，实现现场设备可视化和监测数据综合管理；同时，还可建立一种基于 Andriod 的温室环境测控智能网关及其数据同步方法，通过智能网关多路串口通信接口与环境测控网络汇聚节点进行连接，实现基于 ZigBee、RS-485 通信方式的测控网络扩展，从而形成现场级环境测控无线传感器网络(Xing et al.，2017)；

智能网关通过无线路由器生成的 Wi-Fi 网络或者通过 3G 上网卡，实现互联网接入以及与服务端的连接；根据温室环境测控的现场端、WEB 服务端和手机应用端软件开发需求，构建物联网网关与服务器的数据同步通信机制，实现温室环境测控网络参数同步配置、网关和服务器端数据库自适应匹配，智能网关、Web 客户端和手机 APP 客户端界面自适应生成等功能（Gurban and Andreescu，2018）（图 6-8）。

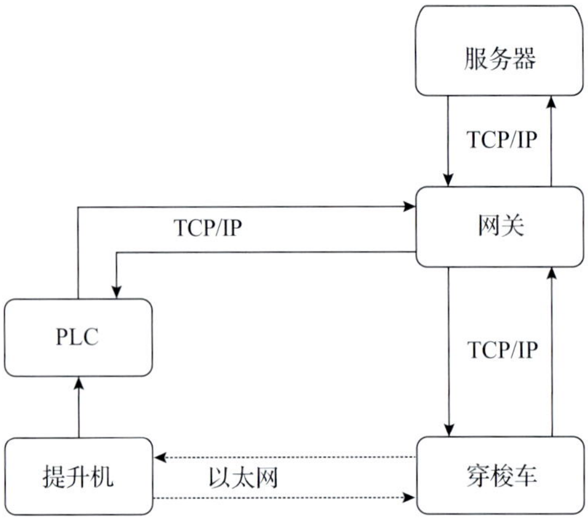

图 6-8　蔬菜工厂数字化智慧管控系统结构

3. 基于物联网的作物生长状况监测

为了更有效地实现温室作物生长状况的监测，基于图像和视频获取与处理的作物生长状况监测技术被应用于蔬菜工厂中，主要使用的技术包括：基于无线多媒体传感器网络（WMSN）的作物环境与长势远程监测系统，能实现多媒体数据采集、压缩、3G 传输、PC 显示以及环境温湿度、光照度等传感器节点的ZigBee组网；基于物联网的温室环境无线监测和作物长势无线视频监控系统，利用图像处理方法获取叶面积指数，实现对作物长势的科学评价，从而为获得作物的最佳生长环境、提高生产者收益提供依据；为满足温室叶类蔬菜病害准确识别的视频数据需求，基于传感器感知的环境信息与摄像机监控视频信息，构建一种面向叶类蔬菜病害识别的温室监控视频采集系统，将案例检索与模糊推理方法相结合，实时采集病害数据，并与知识库中的病害产生环境条件相匹配，以匹配结果作为依据，实现监控视频的智能采集（Raj and Ananthi,2009)。

4.基于模型的温室环境管控物联网系统

温室物联网系统除了实现温室环境信息感知外,还具有调控系统环境参数、保障作物正常生长的功能,因此温室环境信息感知及信息优化处理是温室物联网调控系统的关键(Dan et al.,2015; Soheli et al.,2022)。核心技术包括:基于物联网的温室低温灾害监测预警系统,实现温室小气候与生态环境监测、数据实时采集与无线传输、低温灾害监测与预警发布、远程环境调控等功能;基于分布式CAN总线的硬件系统,利用分布图法采集系统离异数据的在线检测,实现环境数据的实时采集和智能控制;采用轮询法实现现场监控子系统和远程监控子系统中设备状态的同步,并将基于Zernike矩的图像识别技术应用于双向型设备的状态检测,实现设备的自动校准(Shah and Bhatt,2017)(图6-9)。

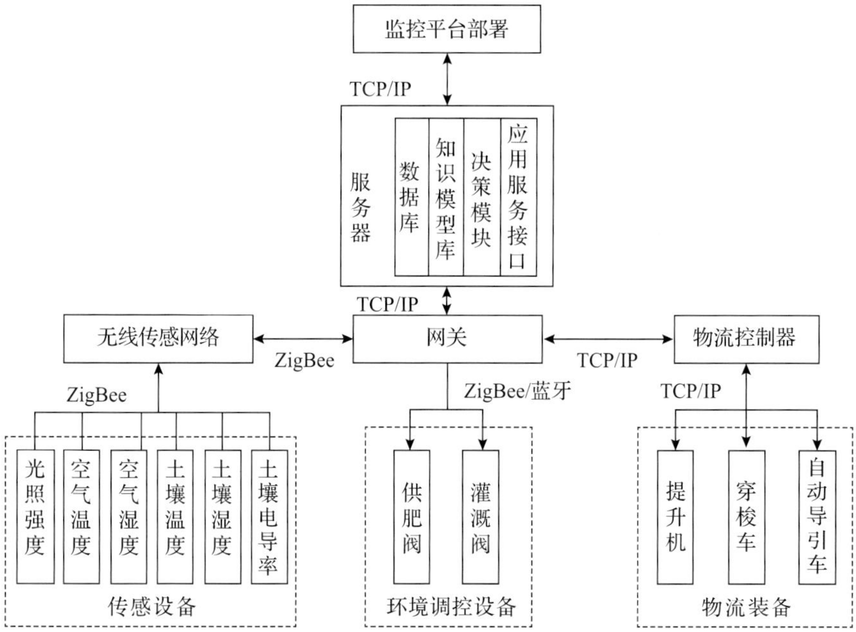

图6-9 蔬菜工厂环境管控物联网管理架构

第 7 章 智慧蔬菜工厂发展趋势

7.1 智慧蔬菜工厂技术发展趋势

7.1.1 国际智慧蔬菜工厂技术发展趋势

20 世纪 70 年代以来，随着现代工程技术、生物技术、新型材料和微电子技术向农业的渗透，蔬菜工厂在荷兰、以色列、日本和美国等一些发达国家得到迅速发展。目前，这些国家在蔬菜工厂领域均形成了完整的技术体系，其现代化蔬菜工厂能根据作物对环境的不同需要，由计算机对室内的温、光、水、气、肥等因子进行自动监测和调控，并可实现蔬菜工厂全天候、周年性高效生产，其中番茄产量可达 60～70 kg/m^2，黄瓜产量可达 80～120 kg/m^2，食用菌产量可达 25～30 kg/m^2。同时，在蔬菜工厂化高效生产的综合配套技术方面也得到了快速发展，营养液栽培技术已被广泛使用，节能与新能源利用、环境信息感知与调控、CO_2施肥、熊蜂授粉、病虫害绿色防治、节水灌溉与肥水一体化以及智能化管理等技术也得到了快速发展。目前，国际蔬菜工厂化生产正在向数字化与智能化、节能与环境友好、光效能效提升以及机器替代人力等方向发展（Kabir et al.，2023；Halgamuge et al.，2021）。

1. 蔬菜工厂管理的数字化、智能化是国际智慧蔬菜工厂研究与产业化开发的重要方向

在详尽研究蔬菜生理与环境互作关系的基础上，形成蔬菜从苗期到成熟

阶段不同生育时期与环境关系的量化指标体系和控制模型，实现对蔬菜工厂内温度、湿度、光照、水分、CO_2浓度以及营养成分等综合环境因子的自动信息获取与智能化调控，是目前国际上蔬菜工厂研究的热点（Rathor et al.，2024；Siregar et al.，2022）。其中，有两个研究方向受到高度关注：

（1）蔬菜工厂高效生产管理模型的研究　通过多年对蔬菜工厂生理信息与环境、营养之间定量规律的研究，建立的蔬菜数字化模型是当前蔬菜工厂精准管理的主要依据和研究热点（Swain，2022；Sasmal et al.，2024）。例如，荷兰通过多年的研究，开发了 Tomsim（番茄）、Hotsim（黄瓜）等作物模型，对包括整枝方式、栽培密度、针对天气和植株生育状况的环境管理指标、不同生育阶段的水肥管理指标、病虫害预防和控制技术指标等进行了量化；美国和荷兰专家共同推出的 Tomgro 番茄管理模型，也已得到广泛应用。近年来，蔬菜工厂的数字化模型研究从单一模型的开发逐步向系统整合转变，从生长环境预测到控制系统模拟，最终实现生长发育建模，形成蔬菜工厂的数字孪生模型，能够从现实环境到虚拟环境进行模拟，并将虚拟模型的预测应用于实际生产管理。例如，荷兰的 KASPRO 温室环境模型和 INTKAM 作物模型，以及开源的 GreenLight 温室与番茄产量模型（https://github.com/davkat1/GreenLight）都已经在实际生产中得到应用。随着数字孪生模型的深入研究，现阶段已经聚焦到生产系统的模型优化，包括基于粒子滤波的模型参数校准，以及与人工智能算法结合，通过深度神经网络（DNN）提高模型准确性（Chowdhury et al.，2023）。同时，还利用敏感性与不确定性分析方法，探讨气象预报和模型误差对决策不确定性的影响。

（2）蔬菜工厂智能化控制系统软硬件的开发　通过环境、生理、营养等物理生物传感器的开发，以及人工神经网络、遗传算法、模糊控制策略等智能控制技术以及 Internet 在数据传输与控制方面的应用等，开发出基于 Web 的蔬菜工厂智能化控制系统，是近年来蔬菜工厂化研究的又一热点。荷兰瓦赫宁根大学通过将作物管理模型与环境控制模型相结合，实现蔬菜工厂的智能化管理，大幅度降低系统能耗和运行费用。近年来，英国、丹麦农业部专门立项进行蔬菜工厂环境（温度、光照、湿度、通风、CO_2浓度、施肥等）计算机优化与自动化控制等课题的研究，以期实现蔬菜工厂的智能化管控。以色列、澳大利亚等国家陆续研制了采用计算机技术的先进监测仪器，利用各种类型的传感器对作物、土壤及环境参数进行测量，经过传输、A/D转换，将数据存入计算机中，再由计算机进行分析和处理。例如，以色列ELDAR-GAL公司生产的植物生理生态监测仪，能同时监测叶子温度、根茎直径、果实大小、叶子CO_2交换、太阳辐射、空气温湿度、土壤湿度等十几个参数，来实时监测作物的长短期反应，并将这些参数进行分析处理，与专家系统结合，从而便捷地进行精确控制。随着智能化网络通讯技术的应用，蔬菜工厂的智能化、网络化管理技术也得到了较快的发展。美国加利福尼亚大学和康奈尔大学在蔬菜工厂化生产的SPA(Speak Plant Approach to Environment Control)智能化技术的理论研究和试验验证方面进行了多年的探索，试图构建与植物“对话”的机制，实现更加智慧化的控制。通过数十种环境与生物传感器，实现对设施环境因子、植物生长信息以及生理指标等进行实时精准监测，同时应用多个模型系统对获取的信息进行分析研判，及时了解蔬菜的各种需求，并进行有针对性的调控，该技术目前正在进入实际应用阶段。

2.蔬菜工厂节能与新能源利用技术研究受到普遍重视

基于能源紧张、CO_2排放限制等原因，欧美等发达国家目前蔬菜工厂领域最重要的课题是节能减排。荷兰、日本、加拿大等发达国家的蔬菜工厂基本上都是依赖于消耗天然气和石油发展起来的，荷兰温室加温约消耗全国12%的天然气，日本生产10 kg黄瓜大约需要消耗5 L燃油，每年温室需要消耗100万t燃油。近年来，随着《京都议定书》《巴黎协定》等有关温室气体控制协议的执行，一些发达国家都在研究如何实施减排CO_2的义务。因此，这些国家纷纷投入大量的科研经费用于节能与新能源利用技术研究。主要研究进展包括：

(1)大幅度提高覆盖材料的透光率，增加太阳能的入射量　例如，荷兰瓦赫宁根大学开发了一种名为Zigzag的温室覆盖材料，利用反射光的二次利用，透光率可达89%，最高达到93%～95%；开发了蔬菜工厂屋顶清洗机械装置，用于清洗屋顶的灰尘，增加温室的透光率。

（2）防止蔬菜工厂内部长波向外辐射　对蔬菜工厂覆盖材料的内侧进行镀膜处理，以阻止长波向外辐射，减少室内热能向外溢出，可以实现节能25%以上。

（3）热能多用途利用和余热回收　尽可能减少热损耗，如蔬菜工厂加温锅炉的烟筒普遍装有余热回收系统，热回收效率可达75%以上。

（4）利用浅层地能　利用土壤作为蓄热源，夏季把低温冷源抽到地上，用于蔬菜工厂降温，把经过热交换的热量打到地下，贮存起来；冬季把贮存的高温热源抽上来，在热泵作用下，升温至45～50 ℃，这样只需要稍许加温就可以用于蔬菜工厂采暖，节能幅度达65%～70%。

（5）节能光源LED的应用　植物并非利用太阳光的全部成分进行光合作用，以往的照明光源（如高压钠灯、荧光灯）光谱中因含有红、蓝光以外波长的远红外光谱，导致其耗电量较大。近年来，采用蓝色和红色组合光谱的LED光源作为植物照明或补光灯具，在蔬菜工厂化生产中已经得到一定的应用。通过使用特定波长的单色LED调控技术，还可以有效提升蔬菜品质并实现增产。例如，使用波长730 nm的近红外LED照射生菜，其维生素C含量增加54%～72%；此外，利用红、蓝LED进行短周期照射，即白天和夜间各照射4 h后发现，与每天12 h照射周期相比，作物产量提高70%。这表明植物光周期的调控也能促进光合作用。因此，相较于宽波段太阳光，单一波长及其光配方组合的LED光源更能有效促进植物的光合作用及品质调控。

3.蔬菜工厂环境友好与资源高效利用得到广泛重视

由于对资源高效利用和环境保护的关注，一些发达国家近年来投入大量的精力进行蔬菜工厂精确施肥、雨水收集、水资源和营养液的循环利用以及对土壤、大气的保护等相关技术的研究，尽量减少资源的浪费和对环境的破坏。主要研究热点包括：一是在无土栽培营养液的闭路循环技术方面，欧盟规定所有蔬菜工厂的无土栽培系统必须采用闭路循环系统（Closed System），通过对营养液的回收、过滤、消毒、补充营养等措施的应用，结合新的营养液的补充，又重新回到生产循环中使用。该系统可实现节水21%、节肥34%，而且还可以大幅度减少蔬菜工厂对周边环境的污染，提高营养液利用效率。

二是在雨水收集利用方面，通过一系列的管路系统将来自温室天沟的雨水收集起来，传送到附近的蓄水池中，再通过过滤净化等措施，输送回蔬菜工厂进行灌溉。每公顷蔬菜工厂配备约 1 500 m^3贮水罐（池），能够解决 75%蔬菜工厂的生产用水。三是在病虫害防治方面，采用生物防治和物理防治手段相结合的方法进行综合防控，尽量减少化学药剂的使用，实现蔬菜自身和对环境的零污染。

4. 智能 LED 人工光蔬菜工厂的研究逐渐受到重视

智能 LED 人工光蔬菜工厂是在完全封闭的设施内采用 LED 光源和营养液栽培周年进行蔬菜工厂化生产的高效生产系统，一年可实现叶菜 10 茬次以上的栽培，生菜、菠菜栽培期较露地缩短 1/4～1/2 的时间，产量可达露地的 40 倍以上。如日本大阪府立大学的人工光蔬菜工厂，栽培层可达 18 层，占地面积 530 m^2，日产叶菜 5 300 株；英国琼斯食品公司建成的栽培面积达 15 000 m^2 人工光蔬菜工厂，年产叶菜 1 000 t 以上。由于土地资源的限制以及人类开发太空资源的考虑，近年来，日本、美国、荷兰、英国、韩国和新加坡等国家积极进行人工光蔬菜工厂的研究与探索，美国航天中心（NASA）研究在太空采用人工光蔬菜工厂技术实现宇航员食物的自给，甚至还在超前研究月球、火星基地的人工光蔬菜生产（Mir et al.，2022；Van Delden et al.，2021）。日本基于本国农业劳动力的老龄化、成本的急剧上升以及人们对安全食品需求的考虑，自 2009 年以来，投资 500 亿日元以上，开展节能、环保、安全型人工光蔬菜工厂的研究与开发，通过政策与资金方面的扶持，大大地推动了人工光蔬菜工厂的普及与发展。截至 2023 年，日本人工光蔬菜工厂数量较 2009 年增长近 10 倍。

5. 蔬菜工厂管理机器人研究已经进入中试阶段

从 20 世纪 80 年代中期开始，随着微电子技术和计算机技术的发展，特别是工业机器人、计算机图像处理技术和人工智能技术的日益成熟，日本、荷兰、美国、法国、英国、以色列、西班牙等国家，在温室管理机器人的研究上进行了大量探索，试验成功了多种具有人工智能的机器人，如番茄采摘机器人、葡萄采摘机器人、黄瓜收获机器人、西瓜收获机器人、草莓采收机器人、蘑菇采摘机器人以及喷药、嫁接、搬运机器人等,一批温室管理机器人已经进入中试阶段(Lauguico et al.,2019;Marchant and Tosunoglu,2017)。

7.1.2 我国智慧蔬菜工厂技术发展趋势

我国设施园艺及其蔬菜工厂化研究起步于20世纪80年代初,但发展极为迅速,到2022年年底,我国设施园艺面积已达4 270万亩,居世界首位。多年来,我国在低碳节能日光温室结构创新、环境调控、高效栽培、绿色防控以及生产管理智能化等方面取得了积极进展。但与发达国家相比,我国蔬菜工厂化生产的整体水平仍有差距,需要经过若干年的努力赶超(赵春江等,2021)。其主要突破方向:

1. 设施蔬菜工厂作物生长发育过程的模拟模型与仿真技术研究

通过设施环境条件下主要作物生长发育过程与光、热、水分、养分、CO_2浓度等环境因子动态交互作用规律的研究,建立作物发育过程的模拟模型(Chowdhury and Asiabanpour,2004;Kim et al.,2017);同时,运用虚拟技术构建设施环境条件下作物生长发育的数字化植物生态系统,精准了解作物动态发育过程与环境影响机制,为蔬菜工厂的智慧管控提供理论支撑。

2. 基于WEB的蔬菜工厂环境与生物信息测控系统的开发

研发蔬菜工厂环境因子、植物生长信息以及生理指标等先进适用的传感器,精准获取蔬菜工厂的动态信息,并通过传感节点、无线控制节点、无线汇聚节点、优化控制站点的建立,以及无线传感器网络中间件技术、无线测控网络系统的开发,最终实现蔬菜工厂多源信息、自动获取、自组织传输和智能化远程控制。

3. 蔬菜工厂节能和可再生能源的利用将进入实用阶段

随着化石燃料的日益枯竭以及温室气体限制公约的实施,蔬菜工厂节能技术和可再生能源的应用研究将提到议事日程。以太阳能、浅层地能、生物能等节能技术为代表的一批清洁能源技术的研究将成为蔬菜工厂研究的热点,通过低成本清洁能源的利用将有力推动自然光蔬菜工厂温度调控、补光等能耗成本的大幅度下降，实现自然光蔬菜工厂的高效生产。同时，人工光蔬菜工厂光效与能效提升技术必将取得重大突破。随着半导体新材料技术的不断进步，任意光质LED光源芯片的创制逐渐成为现实，单色光谱对植物光生物学的影响机理及其光配方大数据研究进程将会进一步加快，进而推动光效提升技术的重大突破。通过基于单色光质的植物光生物学效应研究，获取植物不同品种、不同生育期的光配方优化参数，将显著推动基于光配方的植物LED节能光源技术的发展；通过以植物光合需求为目标的光环境优化控制参数研究，将推动植物全生育期动态光环境智能控制技术的突破，显著提升光源效率；通过垂直移动LED光源装置研发，构建基于植株高度变化的动态光源系统，显著降低照明能耗；通过激光（LD）植物光生物学机理及其光源系统研发，必将推动蔬菜工厂新型光源及节能光环境控制技术的重大突破。此外，人工光蔬菜工厂环境调节的精细化管控，必将会显著提升空调系统能效。通过引进室外自然冷源、光期置于夜晚的光-温耦合节能环境控制技术的研究，将进一步降低空调能耗和电力成本；通过栽培层根际微环境局部调控技术的突破，将会大大降低环境调控能耗，提高能源效率；通过低成本清洁能源和新能源的利用，必将大幅度降低人工光蔬菜工厂电能消耗与运行成本。

4. 机械化与自动化技术广泛应用

劳动力成本约占蔬菜工厂总成本的25%，降低人力成本、大幅度提升系统机械化与自动化水平将是未来蔬菜工厂技术发展的重要方向（Muzamil et al.，2023；Shen et al.，2024）。通过环境与生物传感器、决策模型以及物联网技术的应用，可实现对蔬菜工厂环境营养信息、作物生理信息的瞬时动态监控、网络化通讯，以及系统多变量协同优化控制；通过对蔬菜工厂从播种到收获全生育期的农艺过程研究，分解出各阶段机械替代人力的技术路径，研制出机械化播种、催芽、育苗、移栽、间苗、移送、收获、包装等成套设备，甚至采用定植机器人、移栽机器人、收获机器人、超高层操作机械手等智能装备，显著提升蔬菜工厂机械化与自动化水平，大幅度减少劳动力使用（McPhee et al.，2018）。同时，一批蔬菜工厂管理机器人的关键技术，如基于机器视觉的果实图像信息快速获取与生物信息模式识别技术、机器人前行路径的相对导航技术以及已知位点的绝对导航控制技术等，将会进入中试阶段，一批蔬菜工厂管理机器人将得到开发与应用。

5. 人工光蔬菜工厂空间资源高效利用技术将取得重要进展

近年来，随着我国经济的快速发展，以及设施工程、环境控制以及无土栽培等技术的日益成熟，人工光蔬菜工厂的技术经济基础已经具备。因此，在今后的5～10年内，我国将建立一批"低成本、节能、高效"人工光蔬菜工厂，以满足市场对高端产品的需求，实现我国农业高技术的国产化。在人工光蔬菜工厂技术领域，土地资源的高效利用越来越受到关注，因此未来人工光蔬菜工厂不断向竖向空间拓展将会是一个重要发展方向。目前，人工光蔬菜工厂的栽培层数普遍在4～8层，也有一些国家（如日本）尝试拓展到15～18层，中国农业科学院都市农业研究所2023年成功推出栽培层达20层的垂直无人植物工厂，土地利用效率得到大幅度提升。预计不久的将来，进一步向竖向空间拓展到超过20层的人工光蔬菜工厂将成为常态，但如何实现这类蔬菜工厂气流、温度、湿度、CO_2等要素的均匀性，以及超高层空间的操作机械、辅助机器人与自动化装备的研究将是今后突破的重点。

6. 人工光蔬菜工厂专业品种选育将取得重要突破

人工光蔬菜工厂是在环境完全可控条件下进行生产，与露地、温室生长环境相比差异较大，作物品种需要适应弱光、小温差、较高CO_2浓度以及营养要素均衡供给的栽培环境，才能获得较高的资源效率和经济效益（Teo and Yu，2024；He et al.，2024）。截至目前，人工光蔬菜工厂所栽培的作物品种基本与露地或自然光蔬菜工厂所使用的作物品种一致，缺乏专门针对人工光蔬菜工厂特定需求的作物品种。因此，未来人工光蔬菜工厂必须选育出适宜于特定环境下的专用品种，尤其是那些光合效率高、营养丰富、口感好（甚至具有保健功能）的作物新品种，以便更好地支撑人工光蔬菜工厂产业发展。

7.2 智慧蔬菜工厂产业发展趋势

蔬菜工厂产业的发展与相关技术突破、投资运行成本、商业化模式及盈利能力密切相关，随着技术进步、电商物流、新型直播带货等商业模式的不断创新，蔬菜工厂化生产的投资与能耗成本将不断下降，产品认可度将会逐渐上升，盈利能力和规模化应用步伐也将不断加快(Kalantari et al. ,2018)。

7.2.1 国际智慧蔬菜工厂产业发展趋势

规模化、集约化、智能化、绿色化、高效化已成为国际蔬菜工厂产业发展的重要方向。近年来，随着物联网、大数据、人工智能、机器人等现代信息和装备技术的发展及其向蔬菜工厂化产业的不断渗透，国际蔬菜工厂产业正在进入加速发展阶段。

1. 集约化与规模化成为全球发展趋势

荷兰单体面积超过 2 hm^2的温室已占 65%以上，Prins 公司已经建成单体规模达 15 hm^2、连体规模超过 82 hm^2的自然光蔬菜工厂，欧美和日韩等大型人工光蔬菜工厂已经超过 600 座，其中日本拥有 300 座以上，最大的人工光蔬菜工厂单体占地面积达 2 300 m^2，拥有 15 层立体栽培架，日产叶菜 10 000 棵；英国琼斯食品公司在布里斯托建成栽培面积达 15 000 m^2 的人工光蔬菜工厂，重点开展香菜和绿叶菜的工厂化生产，同时在埃塞克斯郡(Essex Warehouse)建成英国规模最大的垂直草莓工厂，栽培面积达 27 000 m^2，栽培层数 17 层，高度 15 m；韩国 Nexon 公司在 Okcheon 建成了世界最大的隧道蔬菜工厂，采用废弃的隧道进行人工光植物生产，栽培面积达 9 000 m^2，日产蔬菜 2.7 t；美国 Areofarms 公司在新泽西州纽瓦克建成占地面积 3 000 m^2 的气雾培蔬菜工厂，年产叶菜类蔬菜 3 000 t 以上，就近向周边地区供应新鲜蔬菜。

2. 资源高效利用成为全球重要产业方向

蔬菜工厂产业在实现规模化集约化发展的同时，正在呈现出智能化、绿色化以及资源高效化利用的发展新趋势。在土地产出率方面，荷兰、日本、以色列等国家通过智能化调控技术的应用，根据植物需求进行环境与营养的精准控制，番茄产量达到 60～70 kg/m^2，黄瓜产量达到 80～120 kg/m^2，叶菜产量达到 45～50 kg/m^2，荷兰的土地产出效率可达露地的 40 倍；在资源利用效率方面，以色列生产 1 kg 番茄用水量仅为 15～22 L，美国 Areofarms 公司的纽瓦克垂直蔬菜工厂的用水比传统农场减少95%，用肥减少50%，农药零投入；在劳动生产率方面，荷兰在温室管理方面全面采用机械替代人力操作，用工量仅为2～4人/hm^2，大幅度减少人工成本，显著提升产业竞争力。

7.2.2 我国智慧蔬菜工厂产业发展趋势

1.蔬菜工厂产业将成为我国乡村振兴的重要抓手

目前，蔬菜工厂产业已经成为保障城乡居民“菜篮子”周年供应和多元化需求的重要手段，是农民脱贫致富、乡村产业发展的关键抓手。蔬菜工厂单位面积产值一般为露地的3～10倍，我国仅以3%的设施土地获得了20%以上的种植业总产值，实现设施蔬菜主产区从业人员年均增收5 000元以上。蔬菜工厂化的快速发展还赋能农资、建材、温室制造和商业物流等相关产业，上下游产业综合起来的话可在全国创造近7 000万个就业岗位，已经成为农业增效、农民增收致富的重要手段。随着蔬菜工厂化产业的进一步发展和产业链的不断延伸，必将会在我国乡村振兴中发挥更加重要的作用。

2.蔬菜工厂产业与都市的结合将显著推进产业化步伐

随着城市化的快速发展，人们对就近生产洁净、安全、新鲜蔬菜等食物需求不断上升，同时对家庭、社区等都市场所拓展绿色休闲空间、参与种植体验的需求也将逐年增加，蔬菜工厂实现在城市中“无所不在”正在成为现实，进而推动产业化步伐的加快。通过在城市内部或近郊利用各类建筑、废弃厂房、地下空间等设施，打造可生产各类蔬菜的蔬菜工厂，就近销售洁净安全的蔬菜产品，不仅可保证蔬菜品质和新鲜度，而且还可减少产地到消费者手中的长距离物流成本与碳排放。随着土地资源的日益紧缺，未来在城市中将会出现众多基于蔬菜工厂化技术的垂直农场，使单位土地效率提高数百倍甚至上千倍，有效解决资源紧缺、人口膨胀、新生代劳动力短缺等突出问题；同时，随着蔬菜工厂与城市的融合，都市家庭与社区种植蔬菜等食物产品将逐渐成为可能。通过构建社区蔬菜工厂平台，为居民家庭和周边地区提供种子、种苗、资材、肥料、植保、培训等服务，让食物生产单元延伸到城市的各个角落，形成与都市融合的整体，大幅度拓展蔬菜工厂应用空间。此外，人工光蔬菜工厂在特殊场所以及星球探索的应用步伐也将逐渐加快，人类进入空间站、月球和其他星球的食物自给成为可能。只要在太空和其他星球有一定的电力（如太阳能）、适当的水资源就可以进行植物生产，从而为人类探索太空、走向外层空间作出积极贡献。

3. 蔬菜工厂化技术产品不断走出国门

随着我国蔬菜工厂产业的设施化、标准化、机械化和信息化水平的不断提高，形成了一大批具有中国特色的先进技术产品并实现向国际输出，成为“一带一路”共建国家农业合作的重要着力点。2019 年中国—罗马尼亚农业科技园在罗马尼亚落成，2024 年中国—罗马尼亚“一带一路”农业合作联合实验室正式启用，包括智能 LED 蔬菜工厂和轻简化节能温室蔬菜工厂等中国技术和产品受到中东欧国家广泛青睐，相较于荷兰智能玻璃温室更具竞争力。近年来，我国食用菌工厂化生产技术也广泛出口到中亚、东欧、非洲等发展中国家，并在俄罗斯和日本等发达国家开展“交钥匙工程”，示范和推广至全球 50 多个国家和地区。蔬菜工厂化产业的快速发展必将对中国技术“走出去”产生重要影响。

7.3 智慧蔬菜工厂发展对策与建议

7.3.1 进一步优化蔬菜工厂产业布局，提高资源利用效率

国内外实践表明，相较于传统农业，蔬菜工厂在土地产出率、资源利用率、劳动生产率等方面具有显著优势，在产品质量、产品价格、产品运输距离等方面也具有明显优势。随着城市化的快速发展，蔬菜工厂的作用和地位越加重要。建议国家出台相关政策，鼓励在城市及周边地区发展蔬菜工厂，充分利用废弃厂房、废弃土地、贫瘠耕地、建筑物地下空间等发展自然光蔬菜工厂、垂直智慧人工光蔬菜工厂等，以保障大城市居民生鲜农产品供应；通过政府引导、社会资本投入等政策，鼓励对现有的大棚、日光温室等传统设施进行更新换代，发展大型自然光蔬菜工厂，大幅度提升设施农业土地利用效率，腾

出更多的耕地用于粮食生产，解决粮菜争地矛盾；通过政府补贴等政策，鼓励中西部地区大力发展蔬菜工厂产业，帮助农民快速脱贫致富、持续增收；加大戈壁沙漠设施农业支持力度，在新疆、甘肃、内蒙古等地大力发展戈壁沙漠蔬菜工厂，大力推动非耕地资源农业利用，为保障国家食物安全提供有效支撑。

7.3.2 进一步加强自主创新，降低对外技术依存度

统筹项目、人才和基地建设，稳定支持蔬菜工厂国家重点实验室/工程（技术）研究中心/工程实验室/技术创新中心等创新基地平台建设，开展蔬菜工厂相关应用基础研究和关键技术创新研发，积极推动蔬菜工厂产业技术创新战略联盟、农业高新技术企业、农业科技园区等创新主体牵头承担重大产品创制、技术产品验证等示范应用任务。着力攻克蔬菜工厂相应的设施结构、节能环控、营养液栽培、智能装备、信息感知与决策模型、AI与辅助机器人等关键核心技术，建立“实时感知、智能控制、精准作业、智慧服务”的蔬菜工厂化技术体系，实现技术产品自主化，支撑我国蔬菜工厂向集约化、绿色化、智能化方向转型升级。

7.3.3 进一步加强成果转化，培育蔬菜工厂新业态

鼓励科研人员自主创业，引导社会资本加强蔬菜工厂产业技术产品研发，突出企业在技术创新应用中的主体地位，鼓励产学研深度融合，培育和壮大设施工程、环境控制装备、智能作业装备、辅助机器人以及绿色投入品等新产品新企业，建设少人化或无人化的温室蔬菜全程工厂化、垂直智慧蔬菜工厂等新型工厂化生产设施，培育发展无人蔬菜工厂化装备、智能信息服务等新业态。

7.3.4 进一步加强国际合作与交流，提高国际科技竞争力

营造良好的国际联合科技创新生态环境，发扬我国优势并积极吸纳利用荷兰、日本、以色列、西班牙和美国等国际优势资源，构建合作共赢的国际科技合作机制。发起和培育蔬菜工厂化领域国际大科学计划、大科学工程，提

高我国在全球蔬菜工厂化科技领域规则和标准制定能力，构建合作共赢的中国方案。开展大规模的国际科技合作交流活动，培养一批高水平蔬菜工厂科技人才。与“一带一路”共建国家共同组建智慧蔬菜工厂科技创新联盟、智慧蔬菜工厂联合实验室，在“一带一路”共建国家建设蔬菜工厂科技示范基地、技术产品生产制造基地，加快我国蔬菜工厂技术产品对外输出，最终实现我国由蔬菜工厂生产大国向强国转变。

7.4 智慧蔬菜工厂未来展望

随着全球智能科技的不断进步，以及算法和计算资源的迭代升级，未来智慧农业以及蔬菜工厂化的发展将会迎来更广阔的空间。目前，智能化蔬菜工厂的研究和发展趋势主要集中在两个方面：一是通过自动化技术降低蔬菜生产过程中的不确定性，采用自动化和机械化手段构建标准化生产流程；二是借助信息化与智慧化技术减少管理者对自动化系统操作的不确定性，通过物联网、数字化模型和算法等智慧化技术方法，精准调控生产系统装备，大幅度降低人工成本和系统资源消耗，实现蔬菜工厂节能和高效生产。

展望未来，随着大数据的积累和模型算法的不断提升，智慧蔬菜工厂的发展将从单一目标优化向多元化决策转变，最终实现个性化智能管控。通过大数据、智能算法和人机交互等智慧化技术的应用，将进一步提升蔬菜工厂的生产效率，有效降低蔬菜营养和品质调控的相关不确定性，进而实现满足消费者个性化需求的多样化高品质蔬菜工厂化生产。

参考文献

Ahamed M S, Sultan M, Monfet D, et al, 2023. A critical review on efficient thermal environment controls in indoor vertical farming. Journal of Cleaner Production, 425(1):138923

Ahmed H A, Tong Y X, Yang Q C, et al, 2020. Optimal control of environmental conditions affecting lettuce plant growth in a controlled environment with artificial lighting: A review. South African Journal of Botany, 130:75-89

Akbar J U M, Kamarulzaman S F, Muzahid A J M, et al, 2024. A comprehensive review on deep learning assisted computer vision techniques for smart greenhouse agriculture. IEEE Access

Alejandro S, Höller S, Meier B, et al, 2020. Manganese in plants: From acquisition to subcellular allocation. Frontiers in Plant Science, 11:300

Aliniaeifard S, Van Meeteren U, 2016. Stomatal characteristics and desiccation response of leaves of cut chrysanthemum (*Chrysanthemum morifolium*) flowers grown at high air humidity. Scientia Horticulturae, 205:84-89

Ardiansah I, Bafdal N, Suryadi E, et al, 2020. Greenhouse monitoring and automation using Arduino: A review on precision farming and internet of things (IoT). Int J Adv Sci Eng Inf Technol, 10 (2):703-709

Bahadur B, Rajam M V, Sahijram L, et al, 2015. Plant biology and biotechnology: Volume I: Plant diversity, organization, function and improvement. Springer, New Delhi.

Beacham A M, Vickers L H, Monaghan J M, 2019. Vertical farming: A summary of approaches to growing skywards. The Journal of Horticultural Science and Biotechnology, 94 (3):277-283

Bhowmick S, Biswas B, Biswas M, et al, 2019. Application of IoT-enabled smart agriculture in vertical farming//Advances in Communication, Devices and Networking: Proceedings of ICCDN 2018. Springer

Bhuvaneswari P, Priyanka M, Sandeep S, et al, 2021. Smart indoor vertical farming monitoring using IoT. The Journal of Contemporary Issues in Business and Government, 27 (3):1741-1753

Bian Z H, Cheng R F, Yang Q C, et al, 2016. Continuous light from red, blue, and green light-emitting diodes reduces nitrate content and enhances phytochemical concentrations and antioxidant capacity in lettuce. Journal of the American Society for Horticultural Science, 141 (2):186-195

Bian Z H, Cheng R F, Wang Y, et al, 2018. Effect of green light on nitrate reduction and edible quality of hydroponically grown lettuce (*Lactuca sativa* L.) under short-term continuous light from red and blue light-emitting diodes. Environmental and Experimental Botany, 153:63-71

Bian Z H, Wang Y, Zhang X Y, et al, 2021. A transcriptome analysis revealing the new insight of green light on tomato plant growth and drought stress tolerance. Frontiers in Plant Science, 12:649283

Bian Z H, Zhang X Y, Wang Y, et al, 2019. Improving drought tolerance by altering the photosynthetic rate and stomatal aperture via green light in tomato (*Solanum lycopersicum* L.) seedlings under drought conditions. Environmental and Experimental Botany, 167:103844

Bian Z H, Yang Q C, Liu W K, 2015. Effects of light quality on the accumulation of phytochemicals in vegetables produced in controlled environments: a review. Journal of the Science of Food and Agriculture, 95 (5):869-877

Bita C E, Gerats T, 2013. Plant tolerance to high temperature in a changing environment: Scientific fundamentals and production of heat stress-tolerant crops. Frontiers in Plant Science, 4:273

Cakmak I, Yazici A M, 2010. Magnesium: A forgotten element in crop production. Better Crops, 94 (2):23-25

Caputo S, 2022. History, techniques and technologies of soil-less cultivation//Small Scale Soil-less Urban Agriculture in Europe. Springer

Carvalho D R, Vasconcelos M W, Lee S, et al, 2017. Moderate salinity improves stomatal functioning in rose plants grown at high relative air humidity. Environmental and Experimental Botany, 143:1-9

Chang M H, Das D, Varde P V, et al, 2012. Light emitting diodes reliability review. Microelectronics Reliability, 52 (5):762-782

Chowdhury H, Argha D B P, Ahmed M A, 2023. Artificial intelligence in sustainable vertical farming. arXiv preprint arXiv:231200030

Chowdhury H, Asiabanpour B, 2024. A circular economy integration approach into vertical farming with computer-based simulation model for resource optimization and waste reduction. Journal of Cleaner Production, 470:143256

Chowdhury M E, Khandakar A, Ahmed S, et al, 2020. Design, construction and testing of IoT based automated indoor vertical hydroponics farming test-bed in Qatar. Sensors, 20 (19):5637

Dan L, Xin C, Chongwei H, et al, 2015. Intelligent agriculture greenhouse environment monitoring system based on IOT technology//2015 International Conference on Intelligent Transportation, Big Data and Smart City. IEEE

De Wit M, Galvão V C, Fankhauser C, 2016. Light-mediated hormonal regulation of plant growth and development. Annual Review of Plant Biology, 67 (1):513-537

Demotes-Mainard S, Péron T, Corot A, et al, 2016. Plant responses to red and far-red lights, applications in horticulture. Environmental and Experimental Botany, 121:4-21

Despommier D, 2009. The rise of vertical farms. Scientific American, 301 (5):80-87

Ehrlich P R, Harte J, 2015. To feed the world in 2050 will require a global revolution. Proceedings of the National Academy of Sciences, 112 (48):14743-14744

Fageria N K, Moreira A, 2011. The role of mineral nutrition on root growth of crop plants. Advances in Agronomy, 110:251-331

Fernando D R, Lynch J P, 2015. Manganese phytotoxicity: New light on an old problem. Annals of Botany, 116 (3):313-319

Folta K M, Maruhnich S A, 2007. Green light: a signal to slow down or stop. Journal of Experimental Botany, 58 (12):3099-3111

Galvão V C, Fankhauser C, 2015. Sensing the light environment in plants: Photoreceptors and early signaling steps. Current Opinion in Neurobiology, 34:46-53

Gurban E H, Andreescu G D, 2018. Greenhouse environment monitoring and control: State of the art and current trends. Environmental Engineering & Management Journal (EEMJ), 17 (2):399-416

Halgamuge M N, Bojovschi A, Fisher P M, et al, 2021. Internet of things and autonomous control for vertical cultivation walls towards smart food growing: A review. Urban Forestry & Urban Greening, 61:127094

Hatfield J L, Prueger J H, 2015. Temperature extremes: Effect on plant growth and development. Weather and Climate Extremes, 10:4-10

He R, Ju J, Liu K, et al, 2024. Technology of plant factory for vegetable crop speed breeding. Frontiers in Plant Science, 15:1414860

Hendrawan Y, Al Riza D F, 2016. Machine vision optimization using nature-inspired algorithms to model sunagoke moss water status. International Journal on Advanced Science, Engineering and Information Technology, 6 (1):45-57

Hepler P K, 2005. Calcium: A central regulator of plant growth and development. The Plant Cell, 17 (8):2142-2155

Hu J T, Wang Z, Zhang L, et al, 2022. Seleno-amino acids in vegetables: A review of their forms and metabolism. Frontiers in Plant Science, 13:804368

Huché-Thélier L, Crespel L, Le Gourrierec J, et al, 2016. Light signaling and plant responses to blue and UV radiations: Perspectives for applications in horticulture. Environmental and Experimental Botany, 121:22-38

Kabir M S N, Reza M N, Chowdhury M, et al, 2023. Technological trends and engineering issues on vertical farms: a review. Horticulturae, 9 (11): 1229

Kalantari F, Tahir O M, Joni R A, et al, 2018. Opportunities and challenges in sustainability of vertical farming: A review. Journal of Landscape Ecology, 11 (1):35-60

Kami C, Lorrain S, Hornitschek P, et al, 2010. Light-regulated plant growth and development. Current Topics in Developmental Biology, 91:29-66

Kim B S, Kang B G, Choi S H, et al, 2017. Data modeling versus simulation modeling in the big data era: Case study of a greenhouse control system. Simulation, 93 (7):579-594

Kirschbaum M U, 2011. Does enhanced photosynthesis enhance growth? Lessons learned from CO_2 enrichment studies. Plant Physiology, 155 (1):117-124

Kozai T, 2018. Smart plant factory//The Next Generation Indoor Vertical Farms. Springer, Singapore

Kozai T, Niu G, Masabni J G, 2021. Plant factory basics, applications and advances. Elsevier

Kozai T, Niu G, Takagaki M, 2019. Plant factory: An indoor vertical farming system for efficient quality food production. Cambridge: Academic Press

Lauguico S C, Concepcion R S, Macasaet D D, et al, 2019. Implementation of inverse kinematics for crop-harvesting robotic arm in vertical farming// 2019 IEEE international conference on cybernetics and intelligent systems (CIS) and ieee conference on robotics, automation and mechatronics (RAM). IEEE

Li H，2015. Technology and studies for greenhouse cooling. World Journal of Engineering and Technology，3 (3)：73

Li T，Heuvelink E，Dueck T，et al，2014. Enhancement of crop photosynthesis by diffuse light：Quantifying the contributing factors. Annals of Botany，114 (1)：145-156

Liu J，Fang Y，Wang G，et al，2023. The aging of farmers and its challenges for labor-intensive agriculture in China：A perspective on farmland transfer plans for farmers' retirement. Journal of Rural Studies，100：103013

Lu J，Peng K，Wang Q，et al，2023. Lettuce Plant Trace-Element-Deficiency Symptom Identification via Machine Vision Methods. Agriculture，13 (8)：1614

Lubna F A，Lewus D C，Shelford T J，et al，2022. What you may not realize about vertical farming. Horticulturae，8 (4)：322

Mao L，Zhang L，Zhao X，et al，2014. Crop growth，light utilization and yield of relay intercropped cotton as affected by plant density and a plant growth regulator. Field Crops Research，155：67-76

Marchant W，Tosunoglu S，2017. Robotic implementation to automate a vertical farm system//Proceedings of the 30th Florida Conference on Recent Advances in Robotics. 30 th FCRAR

Martins G D，Silva O F D，Carmo G J D S，et al，2021. Estimation of biometric，physiological，and nutritional variables in lettuce seedlings using multispectral images. Revista Brasileira de Engenharia Agrícola e Ambiental，25 (10)：689-695

Mawphlang O I，Kharshiing E V，2017. Photoreceptor mediated plant growth responses：implications for photoreceptor engineering toward improved performance in crops. Frontiers in Plant Science，8：1181

McPhee J，Pedersen H H，Mitchell J P，2018. Mechanization of Vegetable//Chen G N. Advances in Agricultural Machinery and Technologies. Boca

Raton: CRC Press

Mir A R, Pichtel J, Hayat S, 2021. Copper: Uptake, toxicity and tolerance in plants and management of Cu-contaminated soil. Biometals, 34 (4):737-759

Mir M S, Naikoo N B, Kanth R H, et al, 2022. Vertical farming: The future of agriculture: A review. The Pharma Innovation Journal, 11 (2):1175-1195

Mohammed S B, Sookoo R, 2016. Nutrient film technique for commercial production. Agricultural Science Research Journal, 6 (11):269-274

Moraitis M, Vaiopoulos K, Balafoutis A T, 2022. Design and implementation of an urban farming robot. Micromachines, 13 (2):250

Muzamil M, Rasool S, Magray M M, et al, 2023. Perspective Chapter: Mechanization in agricultural production from horizontal and vertical perspective//Urban Horticulture-sustainable Gardening in Cities. IntechOpen

Narayan O P, Kumar P, Yadav B, et al, 2023. Sulfur nutrition and its role in plant growth and development. Plant Signaling & Behavior, 18 (1):2030082

Nelson N, Ben-Shem A, 2004. The complex architecture of oxygenic photosynthesis. Nature Reviews Molecular Cell Biology, 5 (12):971-982

Ni L, Punja Z K, 2019. Management of fungal diseases on cucumber (*Cucumis sativus* L.) and tomato (*Solanum lycopersicum* L.) crops in greenhouses using Bacillus subtilis. Bacilli and Agrobiotechnology: Phytostimulation and Biocontrol, 2:1-28

Olle M, Viršile A, 2013. The effects of light-emitting diode lighting on greenhouse plant growth and quality. Agricultural and Food Science, 22 (2): 223-234

Pandey R, 2015. Mineral nutrition of plants//Plant Biology and Biotechnology: Volume I: Plant Diversity, Organization, Function and Improvement. Springer

Paradiso R, Proietti S, 2022. Light-quality manipulation to control plant growth and photomorphogenesis in greenhouse horticulture: The state of the art and the opportunities of modern LED systems. Journal of Plant Growth Regulation, 41 (2):742-780

Popkova EG, 2022. Case study of smart innovation in agriculture on the example of a vertical farm//Smart Innovation in Agriculture. Springer

Prajapati K, Modi H, 2012. The importance of potassium in plant growth-a review. Indian Journal of Plant Sciences, 1 (2-3):177-186

Prasad R, 2012. Micro mineral nutrient deficiencies in humans, animals and plants and their amelioration. Proceedings of the National Academy of Sciences, India Section B: Biological Sciences, 82:225-233

Prior S A, Runion G B, Marble S C, et al, 2011. A review of elevated atmospheric CO_2 effects on plant growth and water relations: Implications for horticulture. HortScience, 46 (2):158-162

Raj J S, Ananthi J V, 2019. Automation using IoT in greenhouse environment. Journal of Information Technology, 1 (1):38-47

Rasheed M K, 2009. Role of boron in plant growth: A review. Journal of Agricultural Research, 47 (3):329-338

Rathor A S, Choudhury S, Sharma A, et al, 2024. Empowering vertical farming through IoT and AI-Driven technologies: A comprehensive review. Heliyon 10(15): e34998

Robbiani G, Törn E, 2023. Design and construction of an autonomous, industrial and user friendly laboratory for indoor controlled vertical farming. In: 2023 IEEE International Symposium on Technology and Society (ISTAS). IEEE

Rod N, Gudadhe N N, Karmakar N, et al, 2019. Cobalt chloride enhances crop duration, increases production, and productivity of chickpea. Journal of Plant Nutrition, 42 (1):40-57

Rout G R, Sahoo S, 2015. Role of iron in plant growth and metabolism. Reviews in Agricultural Science, 3:1-24

Sadeghzadeh B, 2013. A review of zinc nutrition and plant breeding. Journal of Soil Science and Plant Nutrition, 13 (4):905-927

Sasmal B, Das G, Mallick P, et al, 2024. Advancements and challenges in agriculture: a comprehensive review of machine learning and IoT applications in vertical farming and controlled environment agriculture. Big Data and Computing Visions, 4 (2):67-94

Serrano L T C, Águila M V G, Paniagua F S, et al, 2022. Software engineering for a mini-PFAL (plant factory with artificial lighting) with IoT interconnectivity. Revista Ciencias Técnicas Agropecuarias, 31 (3):1-13

Shah N P, Bhatt P, 2017. Greenhouse automation and monitoring system design and implementation. International Journal of Advanced Research in Computer Science, 8 (9):468-471

Shamshiri R, Kalantari F, Ting K, et al, 2018. Advances in greenhouse automation and controlled environment agriculture: A transition to plant factories and urban agriculture. International Journal of Agricultural and Biological Engineering, 11 (1):1-22

Shen J, Tang S, Ariffin M K A M, et al, 2024. Prospects and challenges of novel agricultural robots in vertical farming: A review. Journal of Biotech Research, 16:299-311

Shrivastava A, Nayak C K, Dilip R, et al, 2023. Automatic robotic system design and development for vertical hydroponic farming using IoT and big data analysis. Materials Today: Proceedings, 80:3546-3553

Singh D, Basu C, Meinhardt-Wollweber M, et al, 2015. LEDs for energy efficient greenhouse lighting. Renewable and Sustainable Energy Reviews, 49: 139-147

Siregar R R A, Seminar K B, Wahjuni S, et al, 2022. Vertical farming perspectives in support of precision agriculture using artificial intelligence: A review. Computers, 11 (9):135

Smith H L, McAusland L, Murchie E H, 2017. Don't ignore the green light: Exploring diverse roles in plant processes. Journal of Experimental Botany, 68 (9):2099-2110

Soheli S J, Jahan N, Hossain M B, et al, 2022. Smart greenhouse monitoring system using internet of things and artificial intelligence. Wireless Personal Communications, 124 (4):3603-3634

Stanghellini C, Van't Ooster B, Heuvelink E, 2019. Greenhouse horticulture: Technology for optimal crop production//Greenhouse horticulture. Wageningen Academic

Story D, Kacira M, Kubota C, et al, 2010. Lettuce calcium deficiency detection with machine vision computed plant features in controlled environments. Computers and Electronics in Agriculture, 74 (2):238-243

Swain M, 2022. Vertical farming trends and challenges: A new age of agriculture using IoT and machine learning. Internet of Things for Agriculture, 40: 1-16

Tang L, Yin D, Chen C, et al, 2019. Optimal design of plant canopy based on light interception: A case study with loquat. Frontiers in Plant Science, 10:364

Tawfeek M A, Yanes N, Jamel L, et al, 2023. Adaptive deep learning model to enhance smart greenhouse agriculture. CMC-computers Materials & Continua, 77 (2):2545-2564

Teo Z W N, Yu H, 2024. Genetic breeding for indoor vertical farming. Sustainable Agriculture, 2 (1):13

Tian Z, Ma W, Yang Q, et al, 2022. Application status and challenges of machine vision in plant factory: A review. Information Processing in Agriculture 9 (2):195-211

Van Delden S, Sharath K M, Butturini M, et al, 2021. Current status and future challenges in implementing and upscaling vertical farming systems. Nature Food, 2 (12):944-956

Velez-Ramirez A I, Van Ieperen W, Vreugdenhil D, et al, 2011. Plants under continuous light. Trends in Plant Science, 16 (6):310-318

Wang A, Lv J, Wang J, et al, 2022. CO2 enrichment in greenhouse production: Towards a sustainable approach. Frontiers in Plant Science, 13:1029901

Wang Y, Folta K M, 2013. Contributions of green light to plant growth and development. American Journal of Botany, 100 (1):70-78

White PJ, 2018. Selenium metabolism in plants. Biochimica et Biophysica Acta (BBA)-General Subjects, 1862 (11):2333-2342

Xing X, Song J, Lin L, et al, 2017. Development of intelligent information monitoring system in greenhouse based on wireless sensor network//2017 4th International Conference on Information Science and Control Engineering (ICISCE). IEEE

Xue J, Gou L, Zhao Y, et al, 2016. Effects of light intensity within the canopy on maize lodging. Field Crops Research, 188:133-141

Yeh N, Chung J P, 2009. High-brightness LEDs: Energy efficient lighting sources and their potential in indoor plant cultivation. Renewable and Sustainable Energy Reviews, 13 (8):2175-2180

Zhang P, Xu L, 2018. Unsupervised segmentation of greenhouse plant images based on statistical method. Scientific Reports, 8 (1):4465

Zhang W, Zhang W, Yang Y, et al, 2021a. A cloud computing-based approach using the visible near-infrared spectrum to classify greenhouse tomato plants under water stress. Computers and Electronics in Agriculture, 181:105966

Zhang Y, Zhou X, Dong Y, et al, 2021b. Seed priming with melatonin improves salt tolerance in cotton through regulating photosynthesis, scavenging reactive oxygen species and coordinating with phytohormone signal pathways. Industrial Crops and Products, 169:113671

陈梅香，刘蒙蒙，赵丽，2017. 基于机器视觉的设施农业害虫监测技术研究

进展与展望. 农业工程技术（温室园艺），37（31）：10-15

方锐，李旭东，贡亮，等，2018. 适配多终端的物联网网关设计与实现. Research & Exploration in Laboratory，37（11）：133

冯高缘，戴浩，樊帆，2024. 农村人口老龄化对农机社会化服务的影响. 中国农机化学报，45（2）：329

辜松，2015. 我国设施园艺智能化生产装备发展现状. 农业工程技术（温室园艺），35（28）：46-50

郭祥雨，薛新宇，路军灵，等，2020. 我国植物工厂智能化装备研究现状与展望. 中国农机化学报，41（9）：162

黄季焜，解伟，盛誉，等，2022. 全球农业发展趋势及 2050 年中国农业发展展望. 中国工程科学，24（1）：29-37

季涵涵，辜松，2022. 植物工厂立体输送装备研究进展. 农业工程技术（温室园艺），42（4）：16

李东星，周增产，余连海，等，2019. 智慧温室发展现状及趋势探讨. 蔬菜，（5）：12-17

李清明，仝宇欣，杨晓，等，2022. 国内外植物工厂研究进展与发展趋势. 农业工程技术（温室园艺），42（10）：49

李天来，齐明芳，孟思达，2022. 中国设施园艺发展 60 年成就与展望. 园艺学报，49（10）：2119-2130

李宗耕，杨其长，沙德剑，等，2022. 植物工厂水培叶菜生产全程机械化研究进展. 中国农业大学学报，27（5）：12-21

刘文科，2016. 植物工厂的定义与分类方法辨析. 照明工程学报，27（5）：83-86

束胜，胡晓辉，王玉，等，2022. 蔬菜作物逆境生理与抗逆栽培研究进展. 南京农业大学学报，45（6）：1087-1098.

田志伟，马伟，杨其长，2022. 温室智能装备系列之一百三十植物工厂中机器视觉技术应用现状与挑战. 农业工程技术（温室园艺），42（1）：36

王明媚，张跃峰，李胜男，等，国内大型连栋温室蔬菜工厂化发展现状. 中

国蔬菜，1 (5)：13-19

王为国，2021. 基于 CFD 的正压温室通风管部件设计与环境分析. 苏州：江苏大学

闻婧，程瑞锋，孟力力，等，2012. 超声波雾化栽培装置的研制和应用效果. 江西农业学报，24 (1)：23-25

徐伟忠，陈银华，曹鹏飞，2019. 气雾栽培模式及其在不同领域的应用. 现代农业科技，(9)：129-133

许艺，李新旭，杨哲，等，2020. 我国连栋玻璃温室番茄长季节栽培产量与荷兰存在差距的原因分析. 中国蔬菜，10：1-8

杨其长，2001. 设施农业现状与发展趋势. 中国农村科技，(3)：10-11

杨其长，2016. 植物工厂现状与发展战略. 农业工程技术（温室园艺），36 (10)：9-12

杨其长，2019. 植物工厂. 北京：清华大学出版社，

杨信廷，刘蒙蒙，许建平，等，2018. 自动监测装置用温室粉虱和蓟马成虫图像分割识别算法. 农业工程学报，34(1)：164-170

钟钢，2013. 国内外温室发展历程，现状及趋势. 农业科技与装备，(9)：68-69

张建国，何春梅，凌敏，2017. 气雾栽培的应用与研究综述. 林业与环境科学，33 (4)：130-134

张树芳，2020. 人工光型植物工厂的发展现状及未来技术发展趋势. 农业工程技术（温室园艺），40 (16)：64-67

张铁婷，刘厚诚，2016. 日本植物工厂的关键技术及生产实例. 农业工程技术(温室园艺)，(13)：29-33

赵春江，范贝贝，李瑾，等，2023. 农业机器人技术进展，挑战与趋势. 智慧农业，5 (4)：1-15

赵春江，李瑾，冯献，2021. 面向 2035 年智慧农业发展战略研究. 中国工程科学，23 (4)：1-9

周杰，夏晓剑，胡璋健，等，2021. “十三五”我国设施蔬菜生产和科技进展

及其展望. 中国蔬菜，1 (10)：20-34

周增产，董微，李秀刚，2022. 植物工厂产业发展现状与展望. 农业工程技术（温室园艺），42 (1)：18-23